U0303502

自然感悟
Nature series

时蔬小话

阿蒙 著

商务印书馆
The Commercial Press

2019年·北京

图书在版编目(CIP)数据

时蔬小话/阿蒙著.—北京:商务印书馆,2014(2019.7重印)
(自然感悟丛书)
ISBN 978-7-100-10381-7

Ⅰ.①时… Ⅱ.①阿… Ⅲ.①蔬菜—普及读物 Ⅳ.①S63-49

中国版本图书馆 CIP 数据核字(2013)第 254740 号

时 蔬 小 话

阿蒙 著

————————————————————

商 务 印 书 馆 出 版
(北京王府井大街 36 号 邮政编码 100710)
商 务 印 书 馆 发 行
北 京 冠 中 印 刷 厂 印 刷
ISBN 978-7-100-10381-7

————————————————————

2014 年 4 月第 1 版　　　开本 880×1240 1/32
2019 年 7 月北京第 8 次印刷　　印张 10¾
定价:42.00 元

献 给

热爱自然和生活的人们

［序］ 小话 · 笔记

春暖花开的时候，父亲打算在阳台上种辣椒。从楼下花坛里取回的土，父亲杂了些旧年托人找来的肥，实实地把沾满土锈的花盆满上。他小心翼翼地打开包着种子的纸包，用手指把种子一粒一粒地蘸出来播在土里。

父亲在农村生长，自然懂得很多和农事有关的事情。在我很小的时候，父亲常带我去安静的田地边读书。初春的土地刚刚犁过，父亲怕我跑远，便叫我到他身边，讲些他小时候在田里的事情给我听。我喜欢听那些简单有趣的事情。我从未接触过田地，那些田埂上开着一串串毛茸茸的小花，让我知道还有这么多世间的事情可以任由我触碰。自那时起，我常常在父亲空闲之时让他讲旧事给我听。那些事情算不上故事，没有多少来龙去脉也没有多少波澜曲折，它就是父亲儿时的记忆：那些老家的花草树木，已经消逝的旧时庭院，爷爷栽植的桃李杏树，还有父亲最爱偷吃的葡萄。旧事短小而简单，父亲一点一点讲给我听，我安静地听着，在心里描摹着那个并不繁茂却很有意思的田园。这只是父子之间短小的"说话"，这些平淡到连故事都谈不上的事情，却牢牢地镌刻在我的脑海里。我喜欢这样的事情，还为这些细碎般的"说话"起了一个有别"故事"的名字：小话。

或许是父亲对我的影响，让我产生了很多对充满旧时光泽事物的兴趣。那些只字片语，在漫漫的记忆中积攒成故事。它们连着，又似乎不连着。那些日常又充满着很多消逝和未消逝的风物，就好像我亲身经历的一样，清晰地留存我的记忆里。这便是小话，在我看来，那些细碎令人着迷的风物，都是关于自然和生活的小话。

然而小话有些简单，简单到我并没有想到要把这样细碎且平淡的事情记录下来。它所承载的只是自然的记忆，通过交流传递给我，然后为我所记忆。这些属于每个人简单平淡的情感与对自己生活过的风物交织后的结果，是每个时空的留存。它或许只是父亲认识生活的视角，或许只是我感知自然与生活的一个闪光，在我当时看来不值得一提。

老家墙角下那棵爷爷栽下的连翘，在春日里盛开如瀑布般的金黄已渐渐变得稀疏；父亲儿时的庭院池塘在我出生前就已填平；村子里记得土法酿醋的老人越来越少：那些曾经记忆里的东西，一点一滴地被时间抹去。我们生活中很多细碎的东西，终究要随着我们老去，或消失，或变得难以言语。这些只存在言语中的风物，对于那些不曾接触的人们很难还原。于是很多人想要留住记忆，他们利用便捷的工具去记录那些想要留住的东西，或是照片，或是写生，或是文字。那些静止的光影，在写生簿上勾勒的线条中填的色彩，以及成熟动人的文字，正是以这样的方式，让我们可以把那些容易消失的静止的风物、活动的风俗长久保存下来。我想这可以叫作笔记，这些笔记可以留给那些想知道这里曾经存在过什么的人，让他们还原出这里旧时的风貌。这便是笔记。在我看来，那些值得留存的记忆也罢，口口相传的小话、故事也罢，都是时间与空间的写照。

在生活中，我渐渐结识了一些朋友。他们告诉我，在变换的自然里，那些存在的，即将消失的，或者已经消失的风物是值得我们用各种方式记录下来的。人的生活离不开自然，每一个乡土风物、树木瓜果都是这个自然的一部分。正是如此，我明白那些被父亲熟知的，被我熟知的，甚至是生活熟知的细碎的事物是自然的话语。我们尝试去做自然的聆听者，用我们认为可以承载的方式去倾听自然的小话，从这纷繁言语中拼建出有趣的故事。这些故事，甚至是只言片语杂糅着人类与自然情感的小话，我们都可以记录下来，做成谁都可以读懂的自然笔记。

于是我们聚集在一起，名字就叫作"自然笔记"。我们用真知与实践来记录，记录我们的视野和经历中：现在的，是我们活着的；过去的，是消逝不久的。而这些是我们依然可以看得到，听得见，摸得着，尝得出，想得明，记得住的。

NATURE NOTES
自然笔记

阿蒙

2013年12月26日

目录

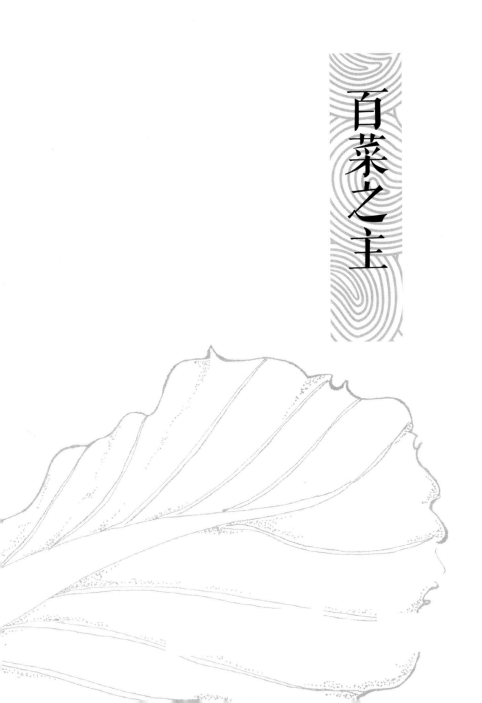

百菜之主

『百菜之主』大白菜

霜降过后，清晨的冷空气已经可以让哈气变成凉凉的白雾。坐车经过乡下的园子，到处都是被犁头翻过、已积满白霜的土块。路边枯黄的草茎上，挂满了如碎雪一样的冰晶。秋收过后的大田，已经开始变得宁静，偶尔可以看到几只鸟雀，蹦蹦跳跳地在路边捡拾被风遗落的草籽。

此时的田里，只剩下没有被人收割的大白菜，翠色的菜叶上罩满霜的晨晖。农人用草绳把大白菜的叶子缚在一起，一个一个的菜棵像束腰的守卫，竖挺挺地站在那里。收获大白菜的时间大约还要再等几天，因为经霜的大白菜味道会更好，有一种让人沁心的甜味。

最熟悉这种滋味的是母亲，初雪的冬天，她会从阳台上拎来父亲买来的大白菜，扒去干老的菜皮，摘下外层的菜叶垫在砂锅底，把中间白净带着银星的菜帮切成大片码在锅里，垫满半锅后，依次在白菜上垫好冻豆腐、烧肉、丸子、粉条，再盖上黄嫩的菜心。撒些调味的花椒、大料、姜片和切段的大葱，浇满汤汁搁在煤炉火上炖透。看着咕嘟嘟冒气的砂锅盖子，饱含汁水的菜香味开始弥漫。初冬的大白菜原本味道就很清甜，经过如此煨煮之后的厚厚菜梗已经入口即化，淡淡的菜的甜味也融入到鲜美的汤汁中，于是我明白，这顿又要多费几碗饭了。就是这样简单的食材，和着冬日里雾蒙蒙的窗子里的昏黄灯光，裹挟着煤炉上蒸腾的水汽，这种让人思想的味道，便是我对初冬的记忆。

北方人的冬天离不开大白菜。在滴水成冰的天气，只有叶片肥厚的大白菜和壮实的萝卜、芜菁才能经得住漫长寒冷的洗礼。大白菜的储存方法比较简单：有菜窖是最好的，一棵棵大白菜扒去烂叶后码在里面，将吃时还能看到黄嫩的叶子上挂着水珠；如果没有菜窖也不怕，带皮的菜可以码在向阳的窗户下，盖上草帘子或者废棉花套子，虽然吃的时候已经冻出冰壳子，但是包裹在里面的菜心依然是鲜嫩欲滴。大白菜很是可口，不过一个冬日下来也难免对它有些腻嘴；母亲虽然能力有限，但她也会尽可能想些新做法来让一家人的饭桌上有些变化。在母亲看来，一棵大白菜可以做成很多菜肴，菜球部分肥厚的叶片可以醋熘、炖菜，而里面脆嫩的菜心则可以炒食或者凉拌。上学的时候，每逢周末回家，母亲就会高兴地买些肉馅，细细地剁上半棵大白菜，包上一顿烫嘴的饺子。

大白菜对于我的记忆来说不仅仅是饭食，它还是单调的冬日里增添生趣的"盆栽"。母亲每次切菜，倘若看到菜心里有花苞出现，便会留下菜心，把它泡在碗里，放在有暖气的窗台上。过个几日，嫩黄的苞叶变得翠绿，那些细白的花序也会慢慢地伸长。枝顶的花朵儿依次开放，展示着四片如十字一样对开的花瓣。这花瓣显露了大白菜的身份，它和春野里的荠菜、阳坡头上的独行菜、花坛里的紫罗兰一样，都是植物分类学中十字花科的成员。明晃晃的小花虽然在寂寥的冬天很可爱，可惜在碗里的它并不能开得长久，也不能结出果实，它只是释放着自己积蓄了一个秋天的阳光而已。

大白菜是中国土生土长的蔬菜，人们对这种十字花科芸薹属植物进行栽培的历史已经相当悠久。正如我所喜欢的那可爱小花，在某个久远的春天里，白菜的祖先在春风里摇曳着修长的花枝，引得采集的人们注意到它的存在。《诗经·邶风·谷风》中写道："采葑采菲，无以下体。"在那个三千年前的漫漶春天，人们就是采集大白菜的祖先"葑"的幼嫩花薹来做食物。在看似美丽而又浪漫的时节里，野生的芸薹并不是一种可口的食物，它的叶子虽然鲜嫩多汁，但是苦涩的味道却让人难以下咽，只有春天里快速生发的花薹，因为来不及聚集苦涩的物质而刚好可以采摘回来食用。《诗经》里的意思说得很明白，采葑采菲来当作蔬菜，不能因为它们难吃而放弃可以吃的部分。"葑"的苦味使得它在很长一段时间里没有得到人们的喜爱，但是无毒的它依然可以让那些贫困又饥饿的人们采摘回来填饱肚子。

大约在东汉，"葑"在南方地区演化出了一种没有苦味的品种，因其"凌冬晚凋，四时常见，有松之操"而被称为"菘"。到了南北朝时期，这种"菘"已经很受人们的欢迎。南朝《南齐书·周颙传》里记载了文惠太子问周颙的一段对话："菜食何味最胜？"曰："春初早韭，秋末晚菘。" 周颙简洁的回答说明这种

"菘"已经被视为初冬的美食。此时的"菘"虽然已经演化出白菜经霜回甘的核心口感，但是它的外形还是和大白菜有很大的差别，菘菜的样子，更接近南方人讲的青菜，或者说菘菜是我们现在菜篮子里小白菜的直系先祖。

菘菜的进一步演化发生在隋唐时代。隋唐结束了南北朝的战乱，南方和北方得到了统一。北方开始尝试引种"菘"这种可口的蔬菜，而南方也希望能移栽在北方产量很好的芜菁。可事与愿违，菘到了北方出现了退化："菘菜不生北土，初一年半为芜菁，二年菘都绝。"而南方种的芜菁也有类似的情况："芜菁子南种，亦二年都变。"（唐《新修本草》）就是这样反复尝试的引种，却因为菘菜和芜菁极易和十字花科芸薹属其他种类的蔬菜发生天然杂交而宣告失败。南北引种的失败，却歪打正着地利用菘和芜菁无意识地培育出一种新的蔬菜品种，它的名字叫作"白菘"。《新修本草》里有提到"白菘似蔓菁也"。

新出现的"白菘"虽然和我们现在吃的大白菜近似，但是真正的大白菜的出现，还是要到宋朝的时候。宋苏颂的《图经本草》里有描写："菘，旧不载所处州土。今南北皆有之。于芜菁相类，梗长叶不光者为芜菁，梗短叶阔厚而肥瘠者为菘。……扬州一种菘，叶圆而大，或若箑，啖之无滓，决胜他土者，此所谓白菘也。"宋代对白菘的口感评价已经和现今的大白菜相差无异了。决定白菜真正品质的还是宋代出现的"黄牙菜"。宋《梦粱录》记载："黄牙，冬至取巨菜，覆以草，即久而去腐叶，以黄白纤莹者，故名之。"宋代的园艺技术走向成熟，使得人们对蔬菜的口感越发挑剔，为了得到更加生嫩的蔬菜，便使用培养芽菜的方法来培育白菜。经过不见光的黄化栽培，被称为"黄牙菜"的黄化白菜因为质地柔软、口感鲜嫩而博得人们的青睐。这种栽培方式的出现，使得人们对白菜的栽培发生了有目的的变化。

元代对白菜鲜嫩的追求促成了新的栽培方式。栽培黄牙菜的方法已经不是简单的覆草保温和遮蔽阳光，而是使用大缸来扣盖。把白菜切去外部梗叶留取菜心，用粪土施肥，然后用大缸扣盖在白菜上，以土密封使得其完全在黑暗中生长，半月后即得可口的黄牙菜。（宋《吴式中馈录》）这种复杂的栽培方法，制约了这种可口蔬菜的生产。在明清之前，黄牙菜的生产仅仅是供给富人们的吃食，《本草纲目》中记载道："燕京圃人又以马粪入窖壅培，不见风日，长出苗叶皆嫩黄色……谓之黄芽菜，豪家以为佳品。"然而在美味的黄牙菜面前，劳动人民想出了更为简便的办法。明清时期，一种在宋代便出现的菜心叶片无法伸展的包心白菜得到了人们的重视，菜农简化了黄牙菜的黄化过程，他们将白菜叶片包裹住里面的菜心，并用草绳扎起来，通过人工干预来使得白菜包球，利用外部厚实的叶片来遮光加温，如此通过栽培方法进行的改良和品种选择，包心菜在明清时期快速发展出了我们现在常吃的半结球和结球大白菜。

正是结球白菜的出现，因其耐寒性要比普通白菜更好，以结球白菜种植为主的北方在清中期逐渐成为大白菜的主要产区。北方秋末初冬的大温差，使得大白菜能聚集更多的糖分，品质也比江浙出产的更为优良。在清朝中期以后，华北的山东便逐渐取代江浙，成为了大白菜的主要栽培中心。于是鲁迅在《朝花夕拾》中调侃大白菜："北京的白菜运往浙江，便用红头绳系住菜根，倒挂在水果店头，尊为'胶菜'。"

如今的大白菜，因其经过上千年优选之后的品质，不但占领了人们的味觉，也成为菜园里的必种菜种，哪怕是只有旱地的村庄，也要打水井浇地种些白菜。大白菜的生活习性继承了它祖先芸薹的两年生植物的秉性，也因为多受了人们的呵护而显得颇为娇惯。

大白菜的播种一般在八月初的立秋前后，园子里种白菜的人们会开菜畦育苗。由于白菜的种子细小，一般的做法是轻轻把菜种均匀地洒在平整好的畦面上，然后用大眼的筛子筛些细土薄薄地盖一层，最后用花洒轻轻浇透。因为种子细小，稍微大的动作就会被水冲走，播种好的菜畦为了保湿，过去会盖上草帘子，而现今会覆上地膜。

白菜发芽很快，五天左右的时间，揭去草帘之后的小苗就会张开两片带凹头的子叶，远看很像一群群绿色的小蝴蝶。待到子叶间的小菜叶长出两三片，就可以移栽到园子里了。选择傍晚或者清晨，铲起菜畦中小苗，抖开一棵一棵地移栽在大块菜地里，然后给它们喝饱水。

大田里种白菜则要省时省工得多，一般使用条播（在菜垄顶上开浅沟，然后把种子一线撒在沟里），覆薄土，浇足水，三四天之后就会出小苗。剩下的一个月的时间里，白菜会按次长出叶片。待到长出二十五片叶子之后，白菜会停止生长一段时间，这个时期称作蹲苗，也就是莲座期，此时的白菜叶子是贴着地面水平生长，犹如一朵盛开的莲花。莲座期之后大约过个十几天，随着气温的降低，白菜内部的叶片开始竖立地长起来，渐渐包裹在一起，人们用草绳把白菜里外的叶片缚在一起，用以促成白菜结球。白菜喜欢水和肥，尤其是喜欢水，有言"淹不死的白菜，旱不死的葱"，白菜在此时会努力吸水长叶球。到立冬采收的时候，白菜利用硕大叶球来储存大量的水分和糖分用以过冬。

冬天来临，万物凋零，留种的白菜会继续留在田里。白菜依靠它大个的叶球来躲避寒冷。大地回春，看似已经冻瘪枯萎的叶球里会抽出长长的花薹，开出一人多高的金黄的"花树"，然后结出像长角一样的果实。

大白菜的耐寒不仅仰仗如冬衣般包裹结实的叶球，还依靠存储在白菜帮里的糖分，糖分可以使得细胞液不会在低温下冻结，从而保护自己。也正因如此，霜打后的白菜会格外甜美。综合以上大白菜的特点之后，大白菜在明朝时期取代了葵菜成为"百菜之主"，或许就是因为在气候逐渐变冷的情况下，大白菜不但提供了更优质的口味，而且还能利用大叶球实现高产和耐储存，这些都是葵菜所无法比拟的。

霜降过后的几日里，乡间菜田里的白菜陆续被采收了。靠近村子边背风向阳的几处地头还能看到留种的大白菜。它们是冬天里最后守卫这片土地的卫士了。就是在这霜降和立冬之间，甘美的大白菜大量上市。儿时的记忆里会有大卡车拉着满满的大白菜进城，家里会买几百斤的大白菜放在菜窖里，用棉花套子盖好，这就是一冬天的新鲜蔬菜。如今，市场里的蔬菜已经极其丰富，菜架上终年都不会缺少白菜的身影，家里也再没有存冬菜的习惯了。然而父亲依然会在窗户开始冻冰花的时候，去市集上去挑几棵饱满敦实的大白菜放在阳台上。父亲的习惯，我似乎明白，他依然惦记的是这初冬的大白菜的鲜嫩甘甜。

白菜家族

　　细细品味大白菜的滋味，与同属芸薹属的其他蔬菜相比，它没有芥菜的辛辣香气，也没有甘蓝的臭芥气息，除去淡淡的甜，似乎再没有其他味道。然而"无味"就是成为"百菜之主"的大白菜的最大特点，正是这个特点，诠释了中国人对味道的极致追求。"大道无形"这个具有中国哲学意味的词似乎可以解释这种追求，"有形"的味道可以让你迅速识别和感受食材，于是我们能根据自己的喜好说出喜欢或者是不喜欢；而如果这种食材没有可以提供特殊味道的时候，它就变成一个可以包容一切口味的东西。白菜的口味正是如此，它可以根据食客味觉做变化，可以根据不同的做法而呈现不同的味道，于是谁都找不出不喜欢它的理由。

　　和大白菜相比，同家族的小白菜就显得有个性了，它并不像大白菜那样经过千年的栽培失去了野生的气息，而是经过千年的栽培之后，变化出了极其丰富的种类和口味，从而成为一个充满个性气息的大家族。

东汉晚期的江浙一带是野生芸薹的驯化中心。围绕这片山水，原本清苦的野生芸薹首先被人们培育出没有苦味的菘菜，这种最初的菘菜因为它的叶柄依然保留野生芸薹的青绿色，而被称为青叶柄种类。青叶柄种类就是俗称的青菜，在历史上出名的品种当属"牛肚菘"，《新修本草》里描述牛肚菘："叶最大厚，味甘。"后世人多猜测"牛肚菘"为散叶大白菜，但是从其出现时间和描述看来，它很可能是一种个头很大的"青菜"，类似江南腌渍用的大青菜。

太湖流域的潮湿和冷凉，促进原始开散的青叶柄类发育出叶片直立的白叶柄类，这个种类应该是"扬州菘"的最初品种，现今常吃的"上海青"也属于这个种类。白叶柄类同时也是大白菜的先祖，它与来自北方的芜菁歪打正着杂交出大白菜。同时同地，青叶柄类还发育出一种更为耐寒的"塌菜"，这种白菜的叶子在整个生长期都是趴在地上的，形如塌垫，《范石湖集·四时田园杂兴》中"拨雪挑来踏地菘，味如蜜藕更肥酥"的诗句就是描写塌菜的甘美。塌菜叶片浓绿泛出墨色光泽，因此人们多称其为乌塌菜。乌塌菜传播到江淮地区之后，又继续和直立生长的菘菜发生杂交而演化出黄心乌、黑心乌、瓢儿菜，以及直立的柴乌和白乌，这些乌塌菜的种类现今依然是江淮地区餐桌上的美味。

靠近华东沿海以及长江流域地区，菘菜发育出了另外两种类型，一种是分蘖菜，另一种是紫菜薹。分蘖菜的种类集中在江苏南通地区，那里比江浙地区靠北，秋冬寒凉，菘菜逐渐因气候变化发育出众多菜芽合抱的分蘖菜。分蘖菜叶片细碎而浓密，叶片鲜嫩而爽脆无渣，南通的"马耳菜"、"四月白"便是很有名的分蘖菜。

有名的分蘖菜还有来自日本的"京水菜"，它是华东沿海的分蘖菜在19世纪被带到日本后培育出的新种类，和中国的分蘖菜相比，它更加的脆嫩，是非常适合制作沙拉的食材。

产于长江流域的紫菜薹，是一种吃法别致的白菜品种，它与其他吃菜叶的白菜不同之处是它以吃花薹为主。紫菜薹很可能源于早期的"紫菘"，《新修本草》中记述："紫菘者，叶薄细，味小苦。"较为原始的紫菘，吃起来口感并不及其他菘，于是很可能到后期就演变为专吃花薹的种类了，紫菜薹最有名的品种当属武汉出产的洪山菜薹。

说到吃菜薹的种类，我们自然会想到产于两广的菜心。菜心的吃法和紫菜薹完全一样，很多研究白菜分类的学者也喜欢把它们归为一类，然而事实上并不是这样，菜心的出现和记载要比紫菜薹早很多。出产于两广的菜心和芸薹的关系更为亲近。

每年入秋开始，小白菜就开始在餐桌上露脸了，大田里的季节小白菜，可以从立秋一直吃到初冬。北方人吃小白菜的方法并不多，因其鲜绿，大多都是用滚水烫去苦味后，添加海米香菇等带鲜味的食材一起炒食。小白菜的口味清甜，可以衬托出鲜味食材本身的味道，于是在吃多了重油重盐的饭菜之后，清炒小白菜的味道总能让人耳目一新。母亲每次炒菜的时候都会把小白菜切作几段，将菜帮下锅多焯水一会儿。在我看来这样烹制过的小白菜，碧绿叶子吃起来不但保留了青菜独特的味道，而那水嫩的菜帮可以一口气嗫掉菜肉而只剩皮筋。母亲从来不愿意让我们浪费食物，而她对食材的把握可以变着法子让我能欢喜地吃下去。

芸薹与油菜

　　小白菜的名字，各地的叫法总有些不同，江南地区大多喜欢把它叫作青菜，而北方则喜欢叫作油菜。我总是不明白菜篮子里的"油菜"和田里结籽榨油的油菜到底有什么区别。后来问了母亲才知道，榨油的油菜是不能吃的。小的时候在乡下的坡地上偶然会遇到成片的油菜田，我便好奇地思量着要试试它的口味，当扯下叶子塞进嘴里的时候，一种直伸喉咙的苦呛得我连忙"呸呸"地吐出来。于是我对两种"油菜"的最初认识就是一个能吃，而另一个苦得难以下咽。

　　既然把小白菜叫作"油菜"，那两者之间还是有联系的，只是这个问题依然要从芸薹讲起。野生芸薹是一种广泛分布在亚洲和欧洲北部的一种十字花科植物，它也是人们最早利用的十字花科植物之一。因为地域的阻隔，在中亚地区的芸薹逐渐被驯化为长有块根的芜菁，而在中国西部，野生芸薹就是我们先人所采食的"葑"。如今的新疆和西藏，依然还有野生芸薹在生长。"芸薹"的名字最早出现在东汉服虔的《通俗文》里，一句"芸薹谓之胡菜"道明了芸薹的祖籍来自于"胡地"。李时珍在《本草纲目》中也根据史料考证了芸薹的来源：

> 羌陇氐胡，其地苦寒，冬月多种此菜，能历霜雪，种自胡来，故服虔《通俗文》谓之胡菜，而胡洽居士《百病方》谓之寒菜，皆取此义也。

这个具体的"胡地"就是"羌陇氐胡"所生活的河西走廊和西域。我们已经知道野生芸薹就是小白菜的直接祖先，那芸薹和油菜又有什么样的关系？李时珍也考证了一个他的答案给我们，《本草纲目·芸薹》中提道："芸薹方药多用，诸家注亦不明，今人不识为何菜，珍访考之，乃今油菜也。"李时珍不但考证了芸薹和油菜的关系，他还考证芸薹一词的由来，他说："此菜易起薹，须采其薹食，则分枝必多，故名芸薹。"从李时珍所讲的来看，芸薹最早可以吃的部位是它的花薹。这样似乎也能解释为什么芸薹叶片苦不堪食，而人们还会去采摘它来食用的缘由了。芸薹虽然不好吃，甚至在《唐本草》中被归为菜部下品，但是它却在人类的选择下演化出了三种极其重要的蔬菜：一是白菜家族的源头"菘"；二是广东人爱不释口的菜心；三就是改变中国饮食文化的油菜。

说到油菜，不妨先来看看"油菜"这个词，长江下游以及太湖地区是"油菜"这个名字的发祥地。"油菜"这个词最早见于元代的《王祯农书》，在书中的"授时指掌活法之图"里提到九月要种油菜。多年生活在江浙一带的王祯，他所说的油菜和李时珍说的油菜应该是同一类型，也就是从宋朝才逐渐广泛栽培的油白菜。油白菜是一种蔬菜和油料作物兼用的品种，它不但在秋冬可以吃叶子，春发之后还可以摘薹食用，摘薹后促生花序分枝，四月便可得籽榨油。这种一菜多用的蔬菜品种，随着散叶白菜和结球白菜一起在明朝时期被引种到北方。于是在北方人的眼里，单薄的散叶白菜名字叫作"小白菜"，厚实的结球白菜为"大白菜"，而油白菜则依然沿袭它在江南的名字"油菜"。由于先入为主的原因，北方人一直把油白菜当作蔬菜，而专做蔬菜的小白菜因其长相与它极其相似，便被人们当作一类了。

如今，"油菜"这个词已经不单指油白菜了，而成为所有芸薹属那些收籽用于榨油作物的一个泛称。"油菜"的种植历史悠久，种植范围也非常广，品种也有上千个。现在的油菜们根据它们的品种来源不同而被分为三个类型，这就是白菜型油菜、芥菜型油菜和甘蓝型油菜。

白菜型油菜是由芸薹直接演化出来的油菜种，它包括北方的小油菜和南方的油白菜。白菜型油菜的特点是植株整体相比其他两种略显矮小，叶片是卵圆形，叶柄粗且宽，花薹上的叶片因为没有叶柄而直接抱着花茎生长。白菜型油菜的花薹枝杈比较少，花朵皱皱巴巴有大有小，花瓣大而且圆，密密麻麻地挤在一起。

最早的榨油用的芸薹，应该是出产自西北和内蒙古地区的北方小油菜，它从长相和生长方式上都和野生芸薹非常近似，只是因其产地偏远，且产量不高因而鲜见于史料。北方榨油用的芸薹种类还有一个品种就是芜菁。北魏贾思勰《齐民要术·蔓菁》里详细记述了芜菁籽榨油的用途："（芜菁）一顷收子二百石，输与压油家，三量成米。"由此可见，芜菁不但可以吃块根，它的种子还可以用来榨油。于是直到唐代，芜菁都是蔬油两用的高产作物。隋唐统一之后，南方非常渴望把高产的芜菁引种过去。但是理想却被现实打破，芜菁因为和南方的"菘"同为一家，非常容易杂交形成不伦不类的品种而失去原有品质。但是这个失败，并不一无是处，不但歪打正着培育出了大白菜，还培育了一种适合江浙气候生长的蔬油兼用的油白菜，油白菜虽然长得像小白菜，可是它种子的含油量和产量都继承了芜菁的优点。如今，这种油白菜依然在江浙地区找得到，"崇明菜籽"和"浠水白"便是很有名的油白菜品种。

芥菜型油菜是十字花科芸薹属芥菜的油用变种。芥菜型油菜植株高大，因此也叫高油菜；它还继承了芥菜张牙舞爪的气势，花薹分枝多且松散；它的叶片不管是基生叶还是花薹上的叶片，都长有明显的长叶柄，而且叶片上长满刺毛和淡淡的蜡粉；它的花朵小而且稀疏，花瓣窄小且相互分开。

芥菜型油菜的发源地也在中国。在传统的栽培中，芥菜很长一段时间都是取籽做调味品。榨油的品种是到了元明时期才被选育出来的。但是古籍上常把这种榨油的芥菜和芸薹、油白菜混在一起，统称为"油菜"，因为它味苦且辛辣，连路过的猪都不愿意吃它，因此又叫作"辣油菜"。芥菜型油菜是为了适应地域环境而培育出来的作物，在一些土壤干旱贫瘠的地方，芥菜型油菜是主力的产油作物。清光绪年间的《甘肃新通志》在《物产·蔬类》提道："芥子易于生长，虽高寒山地皆能成熟。宁夏等属多种以供油。"我曾经问过父亲，地处坡地的老家村子里是否种油菜。父亲对我说，在村子干旱缺水的山坡上，每年只能种一些黄芥和臭芥来满足一家吃用的油，其中黄芥就是最传统的芥菜型油菜，听到这里，我恍然大悟，终于明白之前尝试过的那种很苦的油菜原来就是它。

甘蓝型油菜原产欧洲，是甘蓝和芜菁通过自然杂交形成的四倍体植物。甘蓝型油菜和甘蓝长得很像，身材高大，枝叶繁茂；叶子虽然和白菜型油菜类似也是抱茎生长，却又像甘蓝一样，颜色青绿、叶面光滑且裹着白白的蜡粉。甘蓝型油菜的花朵整齐而浓密，花瓣圆实且平滑，花落后长出角果均匀饱满。

甘蓝型油菜是几种油菜类型中最为强壮的，它继承了甘蓝本身耐寒抗病的优点，同时经过多年现代化的育种改造，使得它的种子油分高、产量大、适应性强。自20世纪30年代开始，中国最先从日本引种了这种油菜，通过多年的育种，这种来自异域的油菜品种凭借其多种优势已经成为中国当下栽培油菜的主力军了。

"百亩庭中半是苔，桃花净尽菜花开。"每年仲春时分，艳丽的桃花会和油菜花一起盛开。桃花的花期并不长，前后只有六七天的时间，而金黄的油菜花会随着花薹生长次第开放。粉桃落去，渐渐地被越开越茂盛的金色花丛所淹没，而刘禹锡看到的正是这花色交替的一刻。最初的油菜种植只是作为粮食作物的一个搭配，果园的树下，水渠边的田埂，阡陌边上的地垄才算是油菜的地盘。人们种植油菜的用途之一是收籽榨油用来涂发或是防锈，陶弘景在《名医别录》记载道："菘子，可作油，傅头长发，涂刀剑，令不锈。"菜籽油在北方还常常用来点灯照明，与动物油脂相比，它没有特殊味道，不容易腐坏且容易得到。菜油点灯虽然灯火明亮，燃烧的时候却有比较浓重的烟，这烟对眼睛有伤害。

　　菜籽油还有一个用途，就是食用。一直以来，人们总是依照自己的喜好去选择和改变植物，尤其是蔬菜，人们会依照自己的口味去有目的地选择它们，然而这种影响并不完全由人来主导，植物有时候也会反过来影响人的习惯。油菜大面积的种植是在两宋时期，尤其在南宋，因为北方土地的丧失，使得大量北方人南迁，文化的交流和人口的压力使得南宋的农业技术有了很大的提高。在这种背景下，人们根据季节和水土的变化，利用现有的土地来产出更多的粮食，稻麦轮作、一季多熟等"多熟制"的耕种方式随之孕育而生。秋天水稻收割之后，人们会把空闲出来的土地用来种植油菜。油菜的适应性很强，它可以忍耐江南冬天零度左右的低温，在春天回暖之后的短时间内就可以迅速开花结籽，一点都不耽误第二年的水稻种植。油菜不仅仅填补了耕种的空缺，它还增加土地的肥力，菜根菜叶很容易腐烂回田，正是由于这些优点，南宋以后的江南，金黄的油菜花成为春天的田地里最丰满的颜色。随着油菜种植面积的增大，菜籽油的产量也有了很大的提高，加上铁锅的大量使用，以及因人口密集导致的燃料匮乏，使得出现于南北朝时期的少油煎食的方法到宋代逐渐发展为"炒"的烹饪方法。菜籽油因其"油质清而淡，没有浓烈油香，不会干扰菜肴原料本味的表达"，成为炒菜用油的不二选择，进而推动了"炒菜"的发展，在南宋时期，炒菜这种烹饪方式成为了中国菜肴的主要烹饪方法。

　　油菜的大面积种植，也给原先单调的田野景色带来了变化。稀疏种植的油菜花，是很难赢得人们喜爱的，因为在广袤的乡野里，单株的油菜并无多少美感。油菜在发薹的时期，初开的花会密密地集中在花薹顶端，绿叶黄花也算相映成趣，但是好景不长，随着花薹的快速生长，小小的花朵会显得越来越稀疏，整棵油菜像犹睡未醒的懒妇，披头散发地立在那里，顿时美感全无。然而当这张牙舞爪的"花树"密集地种植在一起的时候，景象就开始发生变化。相互交错的花枝使得颜色整齐起来，那些散乱的黄色一点点地汇集成金色的溪流，或者是明黄的湖泊，进而是蜿蜒的飘带，最后汇聚成无边无际的金色花海，于是乡野的自然风物就好像浸染在这黄色的浪涛间，格外的分明。有人说这成片没有瑕疵的花海是远山、湖水、天空或者是村落的底布，而在我看来，它才应该是这片景色的主题，因为这样一个由单薄的生命汇聚而成的、宏大亮丽的、让人振奋又称奇的景色，在原始的自然界里是何等的罕见。

　　曾几何时，油菜花整齐的花海成为人们趋之若鹜的目标。每年元旦刚过，海南和台南的油菜花就会开放；二月，油菜花越过北回归线染黄了岭南地区；三月，油菜花越过岭南来到了长江流域；四月，金灿灿的花悄然来到了黄河流域；六月，长城以南的广阔北方，油菜花已经开得如火如荼；七月，它又越过了长城，来到了阴山脚下，还有那蔚蓝色的青海湖边。油菜，是我国种植面积最广的经济作物之一，那如海一般的、亮黄色的油菜花也是我们心目中对美好的无限向往。

甘蓝家族

　　七月底的菜地里，繁茂的蔬菜们翠色欲滴。和大田里整齐的作物相比，菜地里的景色略有不同，各种蔬菜分畦而栽，高矮不同错落有致。午后棉朵一般厚实的云带来一场阵雨，太阳西斜的时候雨会准时停，园子里一片水嫩，打着弯儿的黄瓜，刺上还有未干的雨珠，而架子上的芸豆已经开出一串串红色花儿。此时的园子里最好看的要属坐地莲花一般的甘蓝，青蓝色如蒲扇一样的叶子像莲瓣一样错落地堆叠在一起，"花心"里浑圆的菜球的色彩像孔雀羽毛一样，发出淡蓝色的光泽。雨后甘蓝最似莲荷的地方，还有叶子上缀满的水珠，因为甘蓝叶子上布满蜡粉，雨珠是打不湿的，于是雨水会像在荷叶上一样，结成晶莹的珠子，在叶子的掌股之中滚来滚去。

　　提到甘蓝，这个名字总有那么一点陌生，我问了问母亲，她特地翻了翻菜篮子，翻出了卷心菜、菜花、苤蓝，还有刚刚买回来的芥蓝，她摇了摇头，说好像没有一个叫甘蓝的。母亲并没有发觉，甘蓝其实就在其中，而且还不止一种，这些被母亲翻出来的蔬菜，就是各种甘蓝。不认识它们的本来面目并没有关系，毕竟中国人认识甘蓝这种蔬菜最早也是在两百多年前的事情。在欧洲，作为蔬菜的各种甘蓝已经被人们栽培超过三千年。在欧洲人的餐桌上，甘蓝家族占据了半壁江山，除去前面提到的几种蔬菜之外，西蓝花、抱子甘蓝、黑甘蓝等都是栽培甘蓝的家族成员，而这个庞大的家族的祖先就是至今还在欧洲生长的野生甘蓝。

在人类还未踏足欧洲的时候，野生甘蓝就生活在从地中海沿岸一直到北海边的土地上。性格坚毅的它可以在贫瘠寒冷的白垩岩荒草滩上生长。野生甘蓝可以忍受寒冷，也耐得住贫瘠的碎石土壤，叶片表面覆盖有白粉状的蜡质，可以抵御欧洲冬天的寒冷；叶片肥厚多汁，用以在贫瘠的土地上蓄积更多的水分和养料。十字花科芸薹属的野生甘蓝是两年生植物。它的种子在第一年夏末发芽，小苗儿会赶在冬天来临之前长出丰满的叶片，用厚厚的叶片和粗粗的茎越冬。等到第二年春天的温暖来临之际，它便快速地长高，从茎的顶端抽出长长的花薹，开出灿烂的淡黄色花朵。春末夏初，长长的角荚成熟开裂，种子随之散尽，甘蓝的一生就这样结束了。

甘蓝这样的习性是和欧洲的气候有关系的。欧洲的气候夏天炎热又干旱，雨季都集中在秋冬。喜欢湿润的甘蓝，为了获得水分就把自己的生长季节选在秋天，把开花结果选在了春天。在欧洲和地中海沿岸，众多与甘蓝习性类似的两年生植物是这里最大的特色。

人们采食甘蓝的历史，可以追溯到史前时代。野生甘蓝口感很差，叶子又硬又柴，还有浓重的芥子气味，这样一种在现在看来极其糟糕的植物是很难和餐桌上那些美味的栽培种联系起来的，但是天生"愚笨"的它最终抛开了那些和它长在一起的植物，占领了人类的餐桌，于是我们不得不去思考人与植物之间的微妙关系。人们为了食物而选择采集植物，这种选择在一开始是平等的，毕竟在自然界，可以吃的植物有很多种类。接下来在这个采集的过程中，植物因为被采食而发生了变化，那些好吃的种类被采集殆尽，而不好吃的种类被遗留下来，可以吃的种类就会越来越少。植物为了防止被吃掉，被迫"进化"出了影响味道的苦味、粗糙的口感，甚至是对人类有害的毒素。人类的采食，在无意识的条件下促使了植物的改变。人类影响植物，植物也会反过来默默地影响人类。人类不能因为能吃的植物越来越少就坐以待毙，人们会因为植物的变化也开始做出应对的改变。人们开始保留那些可口的植物，并用栽培的方式让它们可以继续供给人类食物。于是我们大胆试想，这种改变或许正是促进原始农业产生的一个因素。然而植物与人之间的较量没有在园艺栽培出现后结束，而是继续推动着人与植物的关系。在栽培的过程中，人对植物有了新的影响：那些容易发生变化的植物，尤其是变化出更为适合人类食用偏好的植物便会得到人们的重视。那么植物还会反过来产生影响吗？这是一定的，只是这种变化似乎还不太明显，植物也在用它的"方式"默默地对我们的饮食习惯、饮食文化，甚至对我们的身体产生着微妙的影响。

　　野生甘蓝似乎非常"了解"这种人与植物的关系，虽然它本身并不是一种可口的蔬菜，但是它拥有一个容易变化的基因，使得它能够通过变化自己的形态，进化出适合人类食用的种类。这种"投其所好"的表现，让它发生巨大的变化，进而演化出一个庞大的家族。

在这个家族中，栽培最广泛的是结球甘蓝，它是野生甘蓝叶子形态发生变化的种类。结球甘蓝就是我们常吃的卷心菜，卷心菜的叶子在生长过程中会逐渐包裹起来，包裹起来结结实实的叶球就是我们所吃的部分。卷心菜的品种有很多，大致包括四种类型：普通卷心菜、白卷心菜、紫甘蓝和皱叶甘蓝。

卷心菜的名字有很多，根据叶子包裹在一起的形态，叫"包菜"、"卷心菜"；根据个头大小像脑袋，叫"大头菜"；个头很像椰子，于是叫"椰菜"；根据生长时的样子像盛开的莲花，叫"莲花白"；根据原产自国外，形象又和白菜类似，叫"洋白菜"。而"回子白"的叫法显略独特，它是山西和陕西附近地区的叫法，清代的《植物名实图考》里写道："《山西志》无纪者，日食菜根，乃缺菜谱，俗讹称回子白菜。"

卷心菜在欧洲出现的时间非常早。古希腊人和古罗马人在很早的时候就开始栽培这种蔬菜，他们认为这种圆圆的菜棵，是天神宙斯额头的汗珠。在公元前1世纪的时候，老普林尼在他的《博物志》（*Naturalis Historia*）中记载了这种长得像"头"一样的蔬菜。与此同时，人们猜测欧洲北部或许是卷心菜更早的发祥地，因为那里是野生甘蓝和无头甘蓝最早被人栽培的地方。中国人认识卷心菜则比较晚了，据考证它是通过两条路线传入中国：一条源自新疆，这也许是山西人叫卷心菜为"回子白"的原因；另外一条则是东北人从俄国人那里得到卷心菜的，当时的人们把卷心菜叫"老枪菜"或者

"俄罗斯菘"。在北方，尤其是华北和东北地区，冬天都会常吃卷心菜。卷心菜味道很爽脆，富含糖分，所以吃起来有些甜。卷心菜的吃法很多，炒、炖、煮、腌都很不错，而它脆爽的口感和浓郁的芥子气味，最适合做成泡菜——这样不但能保证它的口感，还可以保存维生素C和生物苷；同时，在乳酸菌发酵的过程中，卷心菜富含的糖分可以转化为乳酸，使得它更加有益健康。

卷心菜很容易栽培，干旱和寒冷它都可以适应。卷心菜来到中国后，起初并没有得到人们的普遍欣赏，它只在山西和东北两个地方得到青睐，原因很简单，山西地处半干旱地区，而东北冬天天气寒冷，在这两个其他蔬菜生长不好的地方，卷心菜都可以健壮成长。卷心菜在生长过程中，叶片会呈现两种不同的形式，一种叫作"莲座叶"，另一种叫作"结球叶"。在卷心菜生长的初期，叶片是不会抱起来的，而是长着长长叶柄的卵圆形叶子，它螺旋分布在粗大茎上，展开像一朵绿色的莲花，所以叫莲座叶。等到叶片生长至17~30枚的时候，内部的叶片就不再伸展了，而是相互包裹起来，叶柄也逐渐缩短甚至消失，这样的叶子叫结球叶。卷心菜会把莲座叶制造的养分和根吸收的水分通通集中在叶球上，这也是我们吃到卷心菜味美多汁还带着甜味的原因。卷心菜耐寒和耐旱的原因也在于叶球。寒冷的冬天，卷心菜就是依靠叶球的包裹来保护中间幼嫩的花芽用以过冬。等到来年春天，包裹在叶球里的花序会舒展开来，享受着温暖的阳光，然后开花结籽。

花椰菜又叫菜花，是甘蓝家族在历史记载中最古老的品种之一，关于它最早的记录可以追溯到公元前6世纪的塞浦路斯。与卷心菜相比，花椰菜更喜欢温暖湿润的气候，在诞生后的近千年的时间里，它一直是欧洲南部的美食。味道清淡又爽脆的花椰菜，很少有人会嫌弃它。母亲做花椰菜很简单，只消用开水焯一下生味，撒上事先调好的调料汁和麻油，一道简单爽口的佳肴便可以上桌了。我从小就很喜欢花椰菜的口感，那种咀嚼时干净利落的感觉和牙齿间的嘎吱声让人感到很愉快。

平时在市场上看到的花椰菜，白净得让人觉得可爱。小时候的我，一直在纠结它究竟是什么植物的什么部位？后来在田里见过生长的花菜之后，才明白它原来是一种甘蓝。花椰菜是野生甘蓝的一个花序膨大的变种，我们吃的部分就是它的花轴、花梗和未分化的花芽。花椰菜植株个头要比卷心菜稍大一些，叶片是尖尖的长圆形或者是椭圆形，叶片和卷心菜一样厚实且罩着一层白蜡粉。生长的初期，花椰菜除了叶子的形状以外，和卷心菜并没有太大区别。当它生长到开始抽薹开花的时候，奇妙的事情便开始发生了：原本应该直接发育成花蕾的花芽原生组织开始停止发育，花轴和花梗的发育却没有停下来，花芽原生组织开始不断地增生，从而形成膨大的花球。这个花球下部是还没有发育完毕的花轴和花梗，而花球的表面则是布满颗粒状、尚未分化成花蕾的原生组织。这个挤满"原始花芽"的大花球，它的发育还处在极其幼嫩的状态，于是我们吃起来会觉得它很脆嫩，仔细品尝还有一种淡淡的鲜味在里面。

花椰菜花芽虽然变得极其怪异，但我们并不需要担心花椰菜无法开花。花球在成长完毕之后，会依靠低温环境休眠一段时间，当温度适宜之后，没有及时采摘的花球会进一步发育成花蕾。这个时候花球会逐渐变成绿色，那些挤在一起的花梗也会生长起来。一部分的颗粒状的原生组织会继续发育形成正常的花蕾，于是花椰菜又恢复成正常的甘蓝，开出淡黄色的四瓣小花。

与花椰菜同属花序膨大的甘蓝还有一种绿色的"菜花"品种，它就是西蓝花。西蓝花虽然表面上看起来和花椰菜很像，但是它和花椰菜的关系并不近。仔细观察西蓝花，就会发现它的形态和花椰菜是有很大差别的，与花椰菜表面那些增生的原生组织不同，西蓝花的花芽已经发育成完备的花蕾了。西蓝花最早也是出现在欧洲东部，但是它出现得要比花椰菜晚一些。最早的西蓝花品种是一种长着紫色花芽的甘蓝，古罗马人摘取它鲜嫩的花薹当作珍馐来食用。绿色的西蓝花则是意大利人培育出来的品种，它的个头要比紫色品种大很多。虽然欧洲南部很早就把西蓝花当作美味了，而北欧和英国的人们在18世纪的时候才吃到这种蔬菜，在当时的英国，人们把它叫作"意大利芦笋"。

中国人吃到花椰菜和西蓝花是很晚的事情了。花椰菜最早在清末的广东登陆，而作为沿海口岸的上海是在光绪八年才开始在浦东试种，虽然一开始它只是西餐厅的特供蔬菜，但因人们喜欢它的美味而很快就传播开来。到了民国初的时候，它已经成为一种常食蔬菜了。西蓝花在中国正式栽培是到了新中国成立之后的事情，而如今它又被媒体称为"抗癌"的健康蔬菜而得到大家的青睐。西蓝花和花椰菜其实都是非常健康的蔬菜，它们富含维生素C和维生素K，并且是低热量食物，于是它们也是一种非常好的减肥蔬菜。花椰菜不但可以做菜，它还被当作治病良药，在欧洲，人们曾经用榨出的花椰菜汁制成的糖浆来止咳，而价格便宜的它被人们誉为"穷人的医生"。

入冬之后，母亲常会让父亲去菜市场买些苤蓝回来。虽然家里多年不做腌菜了，母亲还依然喜欢用糖和醋腌上一小罐苤蓝当作小菜。每天晚上回家，母亲会熬好热腾腾的小米粥，就上酸脆可口的苤蓝和酸辣白菜，一碗热粥下肚，冬天的寒气就驱散殆尽了。

苤蓝的样子很奇怪，大大扁扁的肚子让人印象深刻。或许很多人都对它并不熟悉，但是很多都吃过用它腌制的八宝小菜。苤蓝是甘蓝家族里唯一长有球茎的变种，甘蓝原本短小的茎膨大如车盘一般。苤蓝这个东西基本不用来鲜食，因为口感比较粗硬，还有很浓的芥子气味。但就是这个味道，和盐酱醋杂糅就变成了独特爽口的香气。每年冬天家里都会买很多苤蓝，母亲会花很多时间削皮切净成各种形状腌制吃。

由于苤蓝非常适合做腌菜，很多人就自然会把它和腌制榨菜的青菜头混淆在一起。其实它们完全是两种不同的植物。苤蓝是甘蓝的变种，球茎大扁而圆，口感比较粗，没有水分，还容易发柴，芥子气味虽浓但绝非青菜头的对手。而青菜头，它是同属十字花科的芥菜的变种，它的口感爽脆，富含水分，所以用它做出来的榨菜才会香脆可口。

苤蓝和其他甘蓝家族的成员一样，也源自欧洲，但是这种奇特的植物的起源一直都存在争论。人们猜测它起源的时间很早，很有可能在公元1世纪的时候就已经出现了，但是关于苤蓝最确切的记录却是在1558年的德国。苤蓝是甘蓝家族里最耐寒耐旱品种，它甚至比萝卜和芜菁都耐旱。苤蓝个子比较小，生长初期它和其他甘蓝没有区别，只是叶子的柄比较长，叶子较小，呈倒卵形或者是三角形。待到长到15~20枚叶子的时候，顶芽的生长开始减慢甚至是停止，而它的短缩茎就开始膨大了。苤蓝肉质比较粗糙，皮厚，尤其是在栽培的时候遇上连续的高温天气，它的肉质就会发柴。很多人以为苤蓝的球茎会像萝卜一样长在土壤下面，但事实并非如此，苤蓝的球茎是长在土地上面的。

　　甘蓝家族里长相最为奇特的是抱子甘蓝。顾名思义，这种颇有"母性"的植物，在它长长的茎干上竟然长满了一个个乒乓球大小的"卷心菜"。抱子甘蓝最早出现在比利时。在1750年，人们第一次在布鲁塞尔附近的田里发现这种产生变化的甘蓝植株后，便将它保留下来，并取名"Brussels Sprouts"。抱子甘蓝的口感要比大个头的卷心菜来得细嫩一些，但是它的芥子味道却比卷心菜浓重得多，有人形容这种味道像整棵卷心菜浓缩成一只乒乓球一般，但是这种长相可爱的蔬菜，却并不为很多人接受。如今的抱子甘蓝，广泛种植在西欧和北美地区，这里的人们喜欢把它直接煮在汤里食用，于是它又有一个别名叫作"汤菜"。

　　甘蓝家族里还有一类蔬菜是非常接近野生甘蓝的种类，那就是无头甘蓝。这种产于北欧原始的蔬菜曾经遍布整个北欧，然而在中世纪的时候，南方可口的卷心菜被引进到这里，口感粗糙的无头甘蓝自然敌不过卷心菜，渐渐退出了舞台。然而无头甘蓝并没有从人们的餐桌上彻底消失，因为它耐寒冷的特性，一些品种被栽培成为冬天也能生长的蔬菜。黑甘蓝就是其中一种，它的叶子充满褶皱，吃起来不但不会粗糙而且还带着淡淡的甜味，用热水煮软后切碎，是拌沙拉的好食材。在英国寒冷而潮湿的冬天，黑甘蓝也能很好地生长。黑甘蓝的采食期很长，从叶片长到十几片开始采叶子，随着它慢慢地长高可以一直吃到春天来临，而这个时候的黑甘蓝，已经长成一人多高的"独脚怪"。

无头甘蓝里还有一些品种，因其美丽的颜色和姿态，已经从菜园里走到花园里。万物凋零的晚秋，花坛里除了菊花在争奇斗艳外，其他的花儿早就被珀耳塞福涅带回地府了。然而还有一种"花"依然艳丽地"开"着，它有玫瑰的紫红，牡丹的粉艳，更有如雪团一般的纯洁。它其实并不是花，它是"似花非花，似叶非叶"的羽衣甘蓝。说它是甘蓝，很多人都会不相信自己的眼睛，它怎么会和我们吃的卷心菜联系起来呢？但是如果仔细去看看它的样子，它依然是甘蓝没有错，终究还是一棵菜而已。与其他作为蔬菜的甘蓝相比，羽衣甘蓝的叶子犹如丰富褶皱的花瓣，外部的叶片依然蓝绿而内部的叶片却呈现出白色、粉色、淡黄色、紫色，结果整个植株宛如盛开的牡丹花一般，羽衣甘蓝便有了个别称叫作叶牡丹。羽衣甘蓝比较耐寒，可以抵御多次的霜冻，于是它便成为北方深秋与初冬用来装点花坛的好花材了。

甘蓝家族成员众多，其中绝大多数成员都产自欧洲，然而有一种甘蓝却和大家分离得太久了，似乎忘记了回家的路，它就是芥

（gài）蓝[1]。芥蓝曾经一直被认为原产我国南方，它在中国栽培历史悠久，很难和欧洲的野生甘蓝联系在一起。中国人非常喜欢芥蓝，苏轼云："芥蓝如菌蕈，脆美牙颊响。"他用香蕈来形容芥蓝的鲜美味道。芥蓝以肥嫩的花薹和嫩叶供人们食用，而且肉质脆嫩、清香，风味别致，营养丰富。芥蓝株型很小，看上去和普通的甘蓝差别很大，它叶片小而卵圆，花朵通常是白色而有别于其他种类的甘蓝。芥蓝已经适应了中国温和的气候，害怕寒冷和干旱。芥蓝的生长期较短，下种两三个月就可以采收嫩叶和花薹来吃了。

生长在中国南方的芥蓝，曾经被很多学者认为是十字花科芸薹属的单独种类，但是人们并没有在中国的野外找到它的野生祖先，这一点让人怀疑它的身世。然而经过充分的研究之后，发现芥蓝和甘蓝家族中的原始西蓝花拥有高度的相似性和亲和性。经过很多学者的论证，到如今，已经基本确认芥蓝是甘蓝的一个变种，只是地域隔离时间很久，拥有了很多的不同的习性。既然已经确信芥蓝是甘蓝的一个变种，那它是什么时候来的中国呢？最早来到中国的是卷心菜，而它在中国的历史也只不过三百年而已，而九百年前的苏轼却已经称赞芥蓝的美味了。芥蓝的身世之谜真是让人琢磨，但是芥蓝的美味估计每个中国人，尤其是南方人都会流连忘返的。

【1】《现代汉语词典》第六版现已将此读音统一为"jiè lán"。

真正的白菜是包括"大白菜"和"小白菜"两个家族，它们都是十字花科的芸薹经过上千年栽培演化出的蔬菜品种，虽然它们的样子有很大差异，但是它们真的是一对至亲的"兄弟"。两大家族出现的时间各异，小白菜家族要原始一些，而大白菜家族则是相对很晚才出现的。绘图：倪云龙

野生芸薹（*Brassica rapa*），属十字花科芸薹属植物。这种原本味道苦涩的古老植物，广泛分布在欧亚大陆寒凉的高原与草原地带。芸薹是人们很早利用的植物，它很容易发生基因变异，于是在人们的栽培中，在不同的地域环境下演化出了三类截然不同的蔬菜类型：芜菁、白菜、油菜。图片：Sowerby, J.E.,

Coloured Figures of British Plants, 1863

野生甘蓝（*Brassica oleracea*），十字花科芸薹属植物。这种分布于欧洲北部荒寒地带的植物如今已经称霸了人们的餐桌。它的基因也很容易变异，于是由它演化出的蔬菜类型样子丰富多变，有的很高有的很矮，有的韧劲十足有的细腻可口，然而它们依然保留野生甘蓝的味道，那种让人难忘的臭芥子气息。

图片：Sowerby, J.E., *Coloured Figures of British Plants*, 1863

野生类的带有浓郁芥子气味的十字花科芸薹属植物种类很多，常见的要属黑芥（*Brassica nigra*）和褐芥（*Brassica rupestris*），然而它们与栽培的芥菜还是有一定差异。关于栽培芥菜（*Brassica juncea*）的来源，基于染色体来讲大多数人认为是芸薹与黑芥的杂交种。图片：Sowerby, J.E., *Coloured Figures of British Plants*, 1863

如今栽培油菜主要有三大类型，它们是芸薹以及其与芸薹属的另外两种植物芥菜、甘蓝杂交之后的品种。白菜型油菜是芸薹自己演化而来，特点是叶片抱茎；芥菜型油菜是芥菜的杂交后代，特点是叶片有明显的叶柄；甘蓝型油菜是甘蓝的杂交后代，它的特点是叶片灰绿有白粉，花朵大而且多。芸薹、芥菜图片：A. Masclef, *Atlas des plantes de France*, 1891，甘蓝图片：Oeder, G.C., *Flora Danica*, 1761-1883

萝卜是一个大家族，是属于十字花科萝卜属野生萝卜（ *Raphanus raphanistrum* ）的栽培种，萝卜的种类很多，东方的大型萝卜和欧洲的小型萝卜是栽培萝卜的两大分支。中国的萝卜种类繁多，白萝卜、青萝卜、东北红萝卜以及心里美萝卜都是中国萝卜常见的种类。图片：A. Masclef, *Atlas des plantes de France,* 1891

野胡萝卜，胡萝卜虽然叫"萝卜"但是它和十字花科的萝卜完全是两个物种。胡萝卜是伞形科胡萝卜属野胡萝卜（*Daucus carota*）的栽培种，胡萝卜的花是极其细碎的小白花，它密集地集中在高大的伞形花序上，这也是"伞形科"这个名字的由来。图片：Thomé, O.W., *Flora von Deutschland Österreich und der Schweiz*，1885

橘黄色的胡萝卜最早被人驯化时的颜色为深紫色，在人们的栽培下分化成淡黄色的中国生态型和橘黄色的欧洲生态型两类。图片：Gourdon, J., Naudin, P., *Nouvelle iconographie fourragère*, 1865-1871

芜菁，芜菁是白菜们的近亲，它是野生芸薹在中亚和欧洲北部演化出的栽培
类型。它长着与萝卜极为相似的块根，连口感和质地都与萝卜类似。芜菁曾
经是很重要的蔬菜兼经济作物，它的根可以吃，叶子可以做饲料，而种子还
可以榨油。在蔬菜品种越发丰富的今天，这种长相"憨厚"的蔬菜渐渐地少
见起来，但它对人类的影响却不可磨灭。图片：Sowerby, J.E., *Coloured Figures of*
British Plants，1863

甜菜，甜菜不是萝卜，它是苋科藜属恭菜的根用变种。最早的甜菜并不甜，它只是作为牲畜饲料和穷苦人的食物。甜菜的亲戚大多是杂草，比如常见的灰藜、滨藜、碱蓬。甜菜继承了它耐旱耐贫瘠祖先的衣钵，在寒冷的北方，它是高产的糖用经济作物。绘图：刘慧

芥菜家族

　　九月一过，北风的劲头就越来越大。北方的初秋是极短的，从草尖上开始挂露水，到秋雨连绵也不过十几日而已。雾蒙蒙的秋雨把天空刷洗得干净透亮。秋风很干净，仿佛也被雨洗过了，不大沾染灰尘。一夜大风过后，直爽的北风会把那明镜似的晴空中的云气吹得片丝不留。于是还在恍惚着探寻秋天味道的时候，却发现秋天早已过了大半了。

　　回家的路上，似乎昨天还很丰满的树荫，已经开始变得单薄起来。转过一个街角，发现有人在阳台外的晾衣绳上挂满了晒得有些发蔫的雪里蕻。菜叶还未完全晒透，随着风轻轻地晃动着。趁着天气清爽，母亲从早市上买来些芥菜疙瘩，打算准备些入冬的腌菜。她把菜缨子和疙瘩头洗干净，晾在向阳的阳台上，阳台的空气中弥漫着淡淡的芥末味道。新鲜的雪里蕻和芥菜疙瘩都有这种味道，这种熟悉又亲切的气息很容易让人想起芥菜，这样的共同点也让人明白，它们都是一家人。

中国的历史上关于芥菜本身的记录不是很多，很大一部分的记录都是关于由芥菜籽制作的芥末。《礼记》中写到关于芥末的用法："脍，春用葱，秋用芥"，"脍"指的是鱼生，换言之就是生鱼片。我们的老祖宗们并不是在追求时尚，食生在那个年代是一种很常见的吃法，食脍的做法是用最新鲜的鱼或兽肉切成薄片来食用。"脍"的吃法是极其讲究的，孔子在《论语·乡党》中描述当时饮食的规则，列举了一箩筐的"不食"原则，其中讲道："食不厌精，脍不厌细。食饐而餲，鱼馁而肉败，不食。色恶，不食。臭恶，不食。失饪，不食。不时，不食。割不正，不食。不得其酱，不食。肉虽多，不使胜食气。唯酒无量，不及乱。沽酒市脯，不食。不撤姜食，不多食。"

"脍"既然是生的食物，自然会容易沾染病菌而吃坏了肚子，虽然古人并不懂什么是致病菌，但是他们会找一些气味浓烈、驱虫灭菌的食物来配合生食。在应季的调味品中，春天嫩葱茵茵，他们就一口葱气；而秋天则是使用辛辣的芥菜籽。古人取芥菜的种子，磨成细末，这就是天然的黄芥末，于是秋天各位老祖宗在大快朵颐之时，估计个个"醍醐灌顶"，泪流满面。

食用芥末的习惯并不只是中国才有，同样喜好食生的日本也会用"芥末"来搭配美味的生鱼片。在日式料理中，日式芥末酱的使用非常广泛，喜爱日式料理的朋友一定知道，日式芥末酱是绿色的而非黄色，这种酱料日本的名字叫作"わさび"（wasabi），如果写作汉字则为"山葵"。说到这儿，我们似乎能发现这种有着与黄芥末类似气味的酱料与真正的黄芥末并没有瓜葛，把它叫作"芥末酱"也十分牵强。日式芥末酱真正的原料就是它的日本名字——山葵。

　　和芥菜同类，山葵也是十字花科家族的一员，虽然气味相似，山葵与芥菜的亲缘关系还是比较远的，在植物分类学中，它属于十字花科山葵属。在日本，山葵出产于山间，其叶子与锦葵科的葵菜相似，便得名山葵。山葵喜欢凉爽，山间林荫之下，常流的溪水边是它最喜欢的生活环境，于是人工栽培山葵是一件麻烦的事情。能大量栽种山葵的地方并不多，因为想要让它长好，就必须保证肥沃的土壤和流动的清水，因此山葵的产量不高，价格也很昂贵。山葵的吃法很简单，用粗糙的干鲨鱼皮把山葵肥大的块茎细细地磨碎就得到了淡绿色的"wasabi"。山葵的辣味虽然很冲，但是极易挥发和溶于水，磨好的山葵酱需要在短时间内吃完，吃的时候，我们需要把食物先蘸取酱油之后再加山葵酱，这样才能享受到山葵"洗脑"般的快感。

　　新鲜的山葵很贵，干燥后的山葵粉末味道又不佳，于是如今在料理店常见到的"芥末酱"其实还是他物。这种替代山葵的植物就是产自欧洲的马萝卜（houseradish）。马萝卜的味道辛辣无比，所以常把它叫作"辣根"。它不是一种新型的替代调味料，在原产地欧洲，早在两千年前它就是欧洲东部和土耳其等地常用的调味品。欧洲人喜欢肉食和奶制品，因为饮食习惯，人们常常使用辣根粉末和其他香料来掩盖发酵食物中不好的气味，加之辣根辛辣的气味可以使人的神经兴奋，从而增进食欲，因此欧洲人也为这种具有"芥末"气味的调料"感激涕零"了。马萝卜适应性很强，只要土壤不涝，天气不太炎热的地方它就能生长良好。马萝卜用来做"芥末"的部位是它像萝卜一样的块根，这种白色的块根不仅味道非常浓郁，产量也很高，于是价格公道的它在日本染成绿色后被当作廉价且方便携带的日式芥末；而在中国，很多黄芥末酱里也会添加它，用以增加味道。

不管是山葵还是马萝卜，它们都和芥菜有相似的味道，这种辛辣刺激的味道是十字花科家族的标志之一。植物产生这种刺激的味道，主要是"告诫"那些想把它当作食物的动物"不要吃我，我不好吃"，可是正是这种味道，却吸引了人类把它们当作美食，不过人类和其他动物不同，虽然我们吃掉了它们，植物却从我们这里得到了"好处"，人们的栽培让它们分布得越来越广了。

在芥菜家族里，芥菜的芥子气味是最为浓重的，这也证明了它的叶子和茎秆也是不适合吃的。曾经以身试法的我明白黄芥的味道是多么的令人厌恶。这种十字花科芸薹属植物虽然不能吃，但是因为芥末的缘故，它是中国人最早栽培的蔬菜之一。在陕西的半坡遗址里，六千年前的陶罐里还留存着当时的芸薹属植物的种子，人们猜测它很可能是芸薹或芥菜的种子，但在我看来，在那个以采集为主的年代，只有作为调味品的芥菜种子才有保留的价值。如今，在中国野生环境下的野生芥菜已经绝迹，人们栽培的芥菜是何种植物的后代也不得而知。根据分子生物学的研究，人们认为中国的芥菜源自于芸薹和欧洲黑芥的天然杂交种褐芥，但是这种说法因为在中国周边没有发现野生黑芥而无法得到印证。20世纪80年代，在中国的新疆人们发现了一种野生的新疆毛芥，它的发现似乎让人找到了另一种解释栽培芥菜来源的线索，关于新疆毛芥与栽培芥菜的关系，还需要人们做更多的研究和论证。

　　芥菜再难吃，也没有难倒善于耕种的中国人。芥菜和白菜一样，是中国的传统蔬菜，在几千年的栽培过程中，芥菜也像白菜一样演化出各种类型的蔬菜。芥菜与常用作鲜食的白菜的不同之处是，各种芥菜家族的蔬菜常常作为腌菜的原料，这样的做法是有缘由的，其中最简单的原因是通过盐渍和发酵可以破坏蔬菜中粗壮的纤维和对人们有害的物质，同时发酵还能祛除令人生厌的苦味，给蔬菜本身增添酸爽和鲜度。

　　学名叫作"分蘖芥"的雪里蕻，是最常见的芥菜品种。雪里蕻又叫雪里红，《集韵》有言："四明有菜，名雪里蕻。雪深诸菜冻死，此菜独青。"雪里蕻是一种非常耐寒的蔬菜，它是芥菜食叶种类的一个变种，取名"蕻"是因为它一株会萌发很多侧芽而茎叶繁茂。雪里蕻富含纤维，味道还有些辣苦，所以很少拿来当作鲜菜吃，而更多的用途是作为腌菜的原料。用雪里蕻腌制而成的菜肴中最出名的要属梅干菜。梅干菜亦写作"霉干菜"。乌亮泛红的干菜，看上去似老朽发霉，于是得名"霉干菜"，后因这名字太土且晦觉得不妥，依照其菜色如久制梅干，味道酸中带甘而改名叫"梅干菜"。梅干菜是江浙一带乃至广东地区出产的一种腌菜种类，可以做成梅干菜的原料有很多，各色荠菜、油白菜、白菜都可以腌制。但是各种梅干菜中，以雪里蕻腌制出的梅干菜味道最佳，它不但鲜味十足，而且柔韧有力耐得住蒸煮烹调。

　　梅干菜根据原料的不同，做法也稍有不同。通常的做法是把割回来的雪里蕻挂在绳子上晾晒，让菜帮打蔫发软。然后将晒好的菜用盐揉搓至微微渗水，搓好的菜要马上装入菜坛子，一层菜一层盐，边装边压实，装满后再在菜上压上干净的大石头，菜坛子要用菜叶密封好，放在阴凉处静静发酵。二十多天缺氧发酵，菜棵的味道变得咸酸后回甜，这样菜就腌渍好了。腌渍好的菜，再经过反复蒸制、晾晒，直到菜的色泽乌亮中带着红润，这才算成功。成熟梅干菜的味道鲜美，吃法也非常方便，最简单的方法是直接切碎后蒸软下饭；如果讲究一些，可以做梅菜扣肉。其做法与红烧肉略同，只是在锅中炖煮的过程换作添加切碎的梅干菜上锅蒸透。此时的梅干菜将五花肉中的油分饱饱吸足，乌亮的菜梗味道鲜而不咸。梅干菜不但好吃，也容易存贮，把菜条用绳子绑好放在篮子里，挂在房屋的阴凉处便可。在木结构的老房子里，通风屋檐下总会挂着些梅干菜，在这样的环境里，梅干菜不回潮不发霉，还渐渐积蓄着岁月的味道。

芥菜家族中惹人垂涎的腌菜还有榨菜，这种曾经只属于巴蜀的地方腌菜，因其爽脆的口感和咸鲜的口味迅速风靡整个中国。榨菜好吃也很方便携带，因此它是居家旅行、喝酒下饭的必配佳肴。制作榨菜的原料是芥菜家族中的青菜头，学名"茎瘤芥"的青菜头是芥菜茎的变种。取名"茎瘤芥"是因为这种芥菜品种的缩短茎会膨大成疙里疙瘩的"茎瘤"，而我们吃的部分就是它这个脆而多汁的"疙瘩头"。得益于重庆涪陵本地的独特地理环境，芥菜在这里演化出了这种奇特的品种。同属茎的变种，甘蓝变种的茎蓝质地粗糙，扁圆的球茎坚硬无比；而芥菜变种的青菜头，质地却脆嫩多汁,甚至在采收青菜头的时候都要小心翼翼:上好的青菜头不耐磕碰,一不小心摔在地上便会粉身碎骨、汁液四溅。

如何把如此鲜嫩的青菜头练就成"劲道又筋脆,入口却无渣"的榨菜呢?制作榨菜的工序非常复杂,也正是这"慢工出细活"的工艺,造就了榨菜精妙的品质。制作榨菜的流程主要有三道,首先是选择上好的青菜头,这个"上好"的标准是大小均匀,质地紧实且水分充足,青菜头的质量是关系到后面流程成功与否的关键。其次是脱水,把青菜头用盐抹匀,然后一层盐一层菜头地码在大菜缸内,边码边压紧,满缸后用大石头压牢固。腌渍三到四天后,取出青菜头用盐水洗干净放在藤筐里,用大石头把菜头中的水分榨出,控水一昼夜后,继续加盐码回菜缸腌制。第二次盐腌要经过十天左右,然后再次取出菜头,用石头榨取水分,如此反复三次,当菜头的水分减少到新鲜时的40%的时候,这一道工序才算完成。从这道工序中,我们能明白选择青菜头的重要性,如果质地大小不同的菜头一起腌制,因为腌制进度的不同,在榨取水分的过程中会把菜头压烂。正是这"三腌三榨"的独特工艺,成为"榨菜"得名的由来。菜头榨完水分还不算完,最后一道工序就是拌料装坛了,将由花椒、辣椒、姜粉等香料调好的味头与腌好的菜头一起拌匀,紧实地码进小口的坛子,装满后再撒盐和辣椒面,敞口在阴凉处发酵十天后加盖封泥,整坛沉入特殊的发酵水塘,让菜头在低温缺氧的条件下慢慢发酵,两个多月后便可正式出坛。

榨菜好吃,但是做起来太难,作为普通人来说还是太费心思。然而想吃到好吃的腌菜也并非如此辛苦,只要掌握好食材的秉性,做出爽口的腌菜还是很容易的事情。每年晚秋的时候，母亲会买来芥菜疙瘩腌制一些便捷的小菜。芥菜疙瘩也叫大头菜，它是芥菜最先演化出来的种类之一。新鲜的芥菜疙瘩看上去与萝卜很像，但它是芥菜的根变种，我们吃的部位就是它膨大的贮藏根。用芥菜疙瘩做小菜很容易，首先把买回的芥菜疙瘩斩去缨子，刷洗干净后把水控干；然后用"擦子"擦成细丝，或用刀细切做丝亦可。擦好新鲜疙瘩丝之后，取锅上火，热些油，放些花椒炸出香味，待到油面似青烟袅袅的时候，迅速放入疙瘩丝，并快速翻炒。这个时候便需要掌握诀窍：菜丝下锅不必等熟，只消让热油和菜丝搅拌均匀即可，如果炒制过久，菜丝会发软，这样就损失口感了。如果菜丝过多，可以分开来炒，当锅里的热油炒香菜丝后，趁热撒入依照个人口味的盐拌匀即可。"芥辣丝"放凉便可佐餐，如果制作的够多，我们还可以装瓶贮藏。装瓶要用不沾水的干净瓶子，芥辣丝也要炒好后趁热装瓶，装满后盖好密封，放在阴凉处大半年都不变质。冬月里大雪过后，趁着家里温暖的呵气打开芥菜瓶的瓶盖，一种清香扑面而来，芥辣丝的辣味已经不太冲了，温柔的芥末香气里泛着清爽的花椒香味。我喜欢夹一些来拌辣椒红油，然后再撒些芝麻，这色味俱佳的小菜，着实下粥下饭。

　　母亲的芥辣丝，严格意义上并不属于腌菜，但是它却有腌菜的特性——耐贮藏，它虽然既没有靠盐来杀灭细菌，也没有靠发酵来延缓腐败，芥辣丝不坏的秘诀完全在于它自己。我们都知道，芥菜最大的特点就是拥有浓郁的芥子气息，这种味道对人们来说是毁誉参半，而它对于芥菜本身来说却是一种天然防腐剂。芥子味道源于芥菜中富含的异硫氰酸酯（Isothiocyanate，简称ITC）类有机化合物。这种辛辣的物质广泛分布于十字花科植物体内，卷心菜中淡淡的臭芥子味也源于此类成分。异硫氰酸酯类化合物虽然气味不好，但是它却可以有效抑制细菌和真菌的生长，这也是芥辣丝可以长期保存的秘密所在。而做好芥辣丝的诀窍也与这种物质有关，快速高温灭菌，时间不宜过久，是防止易挥发的异硫氰酸酯类化合物散失，趁热快速装瓶也是要达到这个目的。虽然异硫氰酸酯类化合物的杀菌能力可以帮助人们保存食物，但是大量的这种物质对人的身体也有害处。浓度较高的异硫氰酸酯类化合物会腐蚀肠胃，引起发炎，于是芥菜家族的蔬菜一般都不能生吃。

既然芥菜类蔬菜不能生吃，那么有没有可以新鲜吃的，也可以让那些喜欢芥子气味的人得到满足？答案是有的，芥菜家族里好多种可以新鲜来吃的品种，这就包括我们常见的芥菜、笋子芥和儿菜。因为芥菜的苦辛之味，历史上很少有记录到可以直接吃的芥菜，我们也无法得知这些鲜食的种类是如何演化而来的。经过分子生物学的研究，人们对这些芥菜家族的种类演化进行了充分的讨论，并基本摸清了芥菜家族的演化过程。

芥菜在历史上很长一段时间里都是采籽用作调料，它的种植范围并不广，加之越来越多的新式调料出现，它的地位也变得岌岌可危。芥菜原产中国，天生具有很强的适应能力，它的味道虽然粗劣，但病虫害很少，同时它的籽富含油分。于是籽用芥菜首先演化出用来榨油的芥菜型油菜。这种抗逆性很好的油菜品种，主要分布于西北及西南地区。种植籽用芥菜最多的地方在四川，四川湿气重，历来这里的人都善吃刺激性很强的食物来驱湿祛寒，芥末也算在其中。因其对籽用芥菜的重视，使得四川及其附近的芥菜品种演化出很多种类，首先演化出来的是根用芥菜和茎用芥菜，根用芥菜就是像萝卜的芥菜疙瘩，而茎用芥菜是青菜头和笋子芥。茎用芥菜的芥子气味都很淡，青菜头不但可以做榨菜，也能直接炒食；而质地更为鲜脆的笋子芥则完全用来鲜食。笋子芥的样子与莴笋类似，把它削皮之后可以炒肉片，也可以做汤。

　　茎用芥菜继续向前演化，在四川和重庆地区诞生出了抱子芥菜，也就是常说的儿菜。脆嫩多汁的儿菜是芥菜的芽变种，众多侧芽膨大，围绕着生长，如同一母多子，因此又叫作"娃娃菜"。儿菜的芽吃起来味道像芥菜，却没有芥菜的呛味，又由于长相形如人参，也叫作"人参菜"。在现在的市场上，还有一些叫作"娃娃菜"的不同蔬菜，它是一种迷你的结球大白菜，因为其长相十分可爱而混用了这个名字，其实迷你白菜也有自己的名字，叫作奶白菜。

　　与茎用芥菜同时演化的根用芥菜，逐渐散布到了其他地方，在北方根用芥菜成为冬天制作腌菜的主力军。而传播到南方的根用芥菜则继续演化出新的种类，雪里蕻和大叶芥菜就是从这个分支里演化出来的，这两种也在吃法上分道扬镳，雪里蕻主攻腌菜，大叶芥则是主攻鲜食。大叶芥就是两广地区常说的芥菜。长有肥美硕大叶片的芥菜与散叶大白菜很像，但是仔细品味，就发现它有着白菜没有的芳香芥味和淡淡的苦味。很多人很喜欢这种淡淡如愁的苦味，或许是因为苦可以清除杂味，又或许这味道是他处没有的乡愁。天生嗜甜的人类喜欢上了苦味，感觉上有些自虐的意味，然而喜欢就是喜欢，也许这也真的是植物对我们的影响吧。

　　"头伏萝卜末伏菜，中伏荞麦熟得快"，这句农谚我已经不记得是谁告诉我的了。每年过了夏至之后，数到第三个庚日[1]时，头伏就开始了。小时候，入伏的日子对孩子们来说是最开心的事情，学校放了暑假，父母因为工作也没有很多的时间来管教，于是留在我记忆里的很多都是在乡间嬉戏的时光。头伏的时间里，附近乡田就开始种萝卜，胡萝卜和白萝卜种得最多，而水萝卜要再晚几天。作为孩子的我们，最期望的就是头伏的雨能多一些，这样到立秋的时候就可以去萝卜地里偷吃。水萝卜自然是最上品，个头小，水分足，只可惜种它的园子会有人看守；其次是胡萝卜，虽然粗糙，但甜甜的味道总是吸引人；白萝卜就不那么受欢迎，虽然味道还可以，但是白萝卜的个头大，吃起来也很不方便。

【1】庚日：中国古代的农历是用天干、地支合成的六十甲子排列年、月和日，而庚日就是带庚的日子。

偷吃萝卜可不是好事，回家很容易被父亲发现，说谎是不顶用的，不争气的肚子会报告实情。偷东西是大错，父亲的一顿责罚过后，自己只能拎着裤子发誓下次再也不敢了。如此几次之后，我渐渐地发现了关于萝卜们的"秘密"，和自带测谎功能的萝卜不同，胡萝卜要听话很多，吃多了无非就是几个饱嗝，于是从心里对胡萝卜平添了几分好感。

然而对胡萝卜的好感也仅限于此了，过了霜降之后，胡萝卜就开始大量上市了。作为儿时最常见的冬储菜之一，起初的几天内，这种颜色艳美、味道甘甜的蔬菜可以带来不少新鲜感，然而随着时间的推移，这种口感粗硬、气味奇怪的蔬菜开始变得令人厌烦起来，回想起初秋的萝卜，那是多么的水灵，而彼时对萝卜的提防早就抛到脑后了。小孩子就是这么善变，变来变去，最后总会把不愉快忘记了。如今的我对这两种身形相似，本质却相异的蔬菜，早已没有什么优劣之辨，倒是越发对它们各自不同的"风格"喜爱有加了。

"冬吃萝卜夏吃姜，不劳先生开药方。"隆冬时节，把雪白的萝卜切块与排骨炖在一起，不要红油赤酱，也不要五味杂陈，萝卜原本的淡淡芥香和排骨的肉香融合得恰到好处，吃完萝卜和肉，母亲还要嘱咐把汤也喝掉，还说这汤热乎，驱了寒气还能灭掉火气，自然就不会咳嗽了。白萝卜在人们心里，不仅仅是一种蔬菜，还是一种具有保健功能的食材。在传统医学中，萝卜常用来入药，鲜时的根茎："大下气，消谷和中，去痰癖，肥健人。"（《本草纲目·菜部一》）春生结籽："下气定喘治痰，消食除胀。"（《本草纲目·菜部一》）就连开花结籽完的"气萝卜"，也能拿来入药。萝卜是极其普通的，它的药性也可以解决日常生活中的积食咳喘，如此省钱省力，难怪它博得劳苦大众的喜爱。

"采葑采菲，无以下体"，古称"菲"的萝卜和芸薹一样，因为味道的问题，在先秦时并不得人所好。与芸薹为穷人果腹之鲜蔬不同，萝卜的用途常是"是剥是菹"，即做成腌菜来供人食用的。萝卜虽早见于古代典籍，但它并没有得到人们的重视，北朝的《齐民要术》中，关于萝卜的种植只是附在种芜菁之后做了简单介绍。到了唐代，萝卜的地位开始逐渐提高，王旻的《山居要术》里便详细记载了萝卜的四时栽培和食用方法。萝卜的繁荣并不是因为人们口味的变化，而是因为人们栽培技术的提高。《山居要术》中提道："种萝卜：须肥良田。沙软地。"在唐代人们已经发现土地的状况对萝卜品质的影响，在肥田沙地中的萝卜，个头粗大，水分足而甜美微辣，而在贫瘠缺水的土地里，适应性极强的萝卜就会质地坚硬，小且辛辣。

现今常吃的萝卜是广泛分布在欧亚大陆的野萝卜（*Raphanus raphanistrum*）的后代。它不只是中国人喜爱的蔬菜，在西方它的栽培也很早，四千多年前的古埃及人也把萝卜当作蔬菜来吃。埃及人吃的萝卜和我们现在常见的略有不同，它的萝卜的颜色是棕黑色的，表面布满密集的裂纹。古罗马时期的普林尼在他的书信中也提到了萝卜，他描写的萝卜有婴儿一般的大小。随着古罗马的灭亡，萝卜和很多古罗马蔬菜一样都从文献中消失了，而埃及的黑色萝卜却被一些幸存的罗马战士带到了北欧。萝卜再次出现在记载里的时间就到了13世纪，这个时候从中东地区再次引种的萝卜在欧洲发展成为四季萝卜（樱桃萝卜），这种小型萝卜很容易栽培，生长也极其迅速，甚至可以栽种在花盆里。野生萝卜在东方逐渐演化成为中国萝卜（大型萝卜），这种萝卜就是我们常见的白萝卜。白萝卜在宋代的时候非常受欢迎，太湖地区出产的萝卜，在当时已经被奉为贡品。在明代中期之前，中国的萝卜主要是分为皮肉皆白的白萝卜和皮为红色的红萝卜，明末清初的时候，在北方逐渐出现了皮肉皆绿的青萝卜，青萝卜质地更为水脆，甚至在很多地方被当作"水果"来食用。绿皮红肉的"心里美"萝卜则是在民国初年的黑龙江出现，当时的人们叫它"槟榔萝卜"。

萝卜是两年生植物，它与白菜、甘蓝这些利用叶球过冬的植物不同，它将夏秋积攒的养分存储在自己肥大的根里，这种类型的根就是贮藏根。冬天天气寒冷，萝卜地上的叶片会枯萎，而粗大的根则留在土壤里过冬，等到春暖花开的时节，萝卜就会开始依靠贮藏根里的养分长叶、抽薹，在初夏开出粉红色的萝卜花。花后的"萝卜树"会结满很多角果，萝卜的角果幼嫩时富含水分，吃在嘴里还有些辛辣刺激的味道，于是欧洲人会摘下萝卜的嫩角果当作餐前开胃酒的小零嘴。

因为吃了胡萝卜肚子不闹腾的关系，它曾经是我喜欢的小零嘴。胡萝卜吃起来不错，甜甜的味道里略带一些"蒿子"味道，有时候胡萝卜的个头比较大，我会让母亲切成长条，泡在凉白开的碗里，吃着格外有趣。喜欢胡萝卜的缘由还有它的颜色，胡萝卜和其他根菜不同，光滑的表皮不甚粘泥，拿来在院子里的水管子下洗干净了，看着黄灿灿的颜色，就忍不住要往嘴里塞。红色和橙色的胡萝卜是长大一些才见到的，颜色虽比黄色的看起来更诱人，可是吃到嘴里，却总觉得没有黄色的甘甜。

很难让人想象的是，最初被驯化成蔬菜的胡萝卜，它的颜色竟然是紫色的，这种乌漆的颜色很难让人觉得它是食物。然而在一千多年前的阿富汗，这种又细又小的胡萝卜就是当地人常见的蔬菜。紫色的胡萝卜随着阿拉伯人的脚步在12世纪的时候到了西班牙，随后又渐渐地传到了英国和北欧，在那里演化出了橘黄色短圆的欧洲生态型。胡萝卜在欧洲的演化，要归功于荷兰。胡萝卜在中世纪时期已经是欧洲老百姓的日常蔬菜，它的颜色主要是黑紫色，在人们的栽培过程中，胡萝卜的颜色常会发生变异，例如白色或黄色，直到17世纪的荷兰，一种变异出橘黄色的品种被保留下来。保留的原因并不是因为它的品质出众，而是这种颜色与当时荷兰建国之父威廉·奥兰治（William of Orange）有关，后世人猜测当时荷兰农民们大面积种植这种颜色的胡萝卜是表达出对奥兰治（Orange）建国的支持。荷兰建国之后，园艺专家们也对这种颜色的胡萝卜偏爱有加，加之荷兰在欧洲的园艺地位，使得这种胡萝卜很快就在欧洲推广开来。

胡萝卜何时来到中国的，李时珍的《本草纲目》有提道："元时始自胡地来，气味微似萝卜，故名。"然而李时珍的考证也有些偏误，在南宋安徽和浙江的一些县志中就有讲到胡萝卜。胡萝卜自西域来到中国的时间还会更早，因为原始的紫色根很可能在中国的西北地区先演化成为红色和黄色的中国生态型后，才渐渐南传而为人所知。中国人很早就知道胡萝卜和它野生"先祖"野胡萝卜之间的关系，《本草纲目》中引用《救荒本草》："野胡萝卜苗、叶、花、实，皆同家胡萝卜，但根细小，味甘，生食、蒸食皆宜。"明清时期的人口大增长，连年的灾荒迫使人们通过家胡萝卜，从而认识了野胡萝卜这种广布的野草原来也可以救人一命。

胡萝卜味甘益人，《本草纲目》中讲它"安五脏，令人健食，有益无损"。胡萝卜的丰富营养不但来源于它富含的糖分和纤维素，还得益于它的颜色。橘黄色胡萝卜的颜色主要来源于它细胞内富含的胡萝卜素，这种色素被人体吸收后加以改造便成为对人体有益的维生素A。维生素A还可以影响到人的视力，因为维生素A可以继续被人体转化为保护视力的视红素，也因此，胡萝卜可以作为一些眼病的辅助食疗蔬菜。

胡萝卜虽然只比萝卜多了一个胡字，但是它们之间的关系却差了十万八千里，萝卜和白菜亲近一些，它是十字花科萝卜属的植物，而胡萝卜则是伞形科胡萝卜属的成员。两种不同的植物，差别还是相当大的，在菜园子里就一目了然：萝卜的叶子很大，而胡萝卜的叶子像芹菜，长着浓密的毛。胡萝卜也是两年生植物，它秋生春发，也以萝卜形的贮藏根来积蓄养分，春天的胡萝卜也会抽薹开花，和萝卜漂亮的花朵相比，胡萝卜白色的花更小更多，聚在一起像一把花伞，这个也正是伞形科名字的来历。

或许是萝卜的形象太深入人心，我们会习惯把长有贮藏根的根菜都叫作"萝卜"，芜菁就算是其中一位"受害者"，因为它长相和萝卜极其相似，又都是十字花科的根菜，很多人甚至把它的本名都遗忘了。和萝卜比起来，芜菁的栽培历史要更为久远。说起芜菁的栽培，这里必须提到"葑"，我们已经知道，先秦时代的"葑"应该是并不好吃的芸薹，但也有很多学者认为"葑"应该是芜菁，因为"采葑采菲，无以下体"这句话中，"无以下体"说明了"葑"与"菲"应该有相似的根。然而这个问题颇显复杂，如果说"葑"就是芜菁的话，在《诗经》之后直到东汉的《四民月令》中首次提到芜菁的这一段时间里，几乎没有典籍可以指出它们的直接联系。成书于东汉的《说文解字》对"芜"、"菁"的解释与芜菁也没有关系。横观世界，西方的芜菁（turnips）则出现在公元前两千年前的北欧地区，而它的祖先正好是广泛分布在亚洲和欧洲北部的野生芸薹。综上，"葑"应该是芜菁和栽培芸薹的共同祖先了。

芜菁是如何来到中国，并在中国开始栽培的，已经无法考证，最早记录芜菁的农书《四民月令》中简要地记录了它的栽培方法："六月可种芜菁，十月可收芜菁。"然而三百年之后的北朝，芜菁因其适应性好、实用性强的特点而被推崇至极，贾思勰的《齐民要术》中不但详细记录了芜菁的栽培，还讲到了芜菁的各种用途：

> 一顷取叶三十载。正月、二月，卖作虀菹，三载得一奴。收根依酢法，一顷收二百载。二十载，得一婢。（原注：细剉和茎饲牛羊，全掷乞猪，并得充肥，亚于大豆耳。）一顷收子二百石，输与压油家，三量成米，此为收粟米六百石，亦胜谷田十顷。

在贾思勰的眼里，芜菁是一种胜于谷田的高产作物。它的叶子可以做腌菜，也可以做牲畜的饲料，粗大根既可做菜也能当粮，而来年开花结出的种子，还能榨油补贴家用。这也难怪从北朝起，芜菁这种高产量高附加值的蔬菜很快便成为了北方的主要农作物之一。

和萝卜相比，虽然样子差不多，但是吃在嘴里的口味还是有很大不同：芜菁没有萝卜的辣芥子气，也没有萝卜的水嫩，生着吃，多了不少干硬，熟着吃，却多出些绵甜。宋元之后，大白菜和水分丰足的萝卜逐渐在北方取代了芜菁的地位，很大原因也是芜菁的口感过于寡淡。虽然芜菁不再像从前那样风光，但是在山西以及西北等干旱地区，芜菁依然是穷人的口粮。父亲曾经讲过他小的时候种芜菁：麦收过后，平整好土垄就要趁着六月不多的雨水种芜菁，芜菁种起来很容易，只要在伏天前多几场雨，它就能长得很好。入伏之后，芜菁扁圆形的根就开始膨大了，红红的根形如磨盘而被叫作"盘菜"。芜菁在白露前后成熟，拔出土后揪着叶子编成长辫挂在菜窖里，可以一直吃到来年春天。如今，作为新鲜蔬菜的芜菁已经极其少见，我们吃到的芜菁也大多是加工好的腌菜。

还有一种很容易错认为"萝卜"的蔬菜就是甜菜。甜菜顾名思义，就是甜"萝卜"。很多人都没有见过甜菜，因为甜菜很少用来吃，甜菜一般有两种用途：一种是红色的圆甜菜，它的样子很像红萝卜，它的贮藏根中富含着糖分和天然的红色素，于是它的汁液常被用来作为食品的天然甜味和颜色的添加剂；另外一种就是贮藏根极其肥硕的根甜菜，这种甜菜的根里富含着17%左右的糖分，可以用来制取我们日常食用的糖。在世界上的产糖作物中，高产的甜菜是紧随甘蔗的第二大产糖原料。甜菜种植起来也很容易，并且它比其他种类的产糖作物更耐寒，而且越是寒冷的地方，它的含糖量越高，于是在气候相对寒冷的地方，甜菜是最主要的产糖作物。

甜菜和各位"萝卜"们关系更远，和菠菜是亲戚，它是苋科家族的一员。甜菜最早出产于地中海沿岸，人们最初是以它的叶子作为蔬菜来食用。在1747年，普鲁士的一位化学家马格拉夫首次从甜菜的根里分离出了蔗糖，然而这个发现在当时并没有得到人们的重视，因为当时欧洲已经开始在中美洲殖民地上广泛种植产糖的甘蔗。18世纪的英国，已取代西班牙和葡萄牙成为航海强国，它占据了当时世界的两大产糖地：加勒比地区和东方的印度。然而在19世纪初，英法交恶而导致两国相互实行经济封锁，欧洲大陆的食糖来源被英国人切断，法国人不得不想办法解决食糖的来源问题。此时耐寒耐贫瘠的甜菜重新被人们所重视，含糖量高的甜菜品种一个又一个地被培育出来，用来满足人们对糖的需求。

甜菜的崛起，导致人们对甘蔗的依赖度大大降低，加勒比地区的制糖业也因此遭受了严重打击，这样的连锁反应甚至导致了英国在美洲的奴隶制度的瓦解。而这样一个小小的"甜萝卜"，则成了历史上一个重要的转折点。

时间的美味

时间久了，味道就会变得醇厚。

吃过晚饭，父亲就起身去柜子里拿出老家做的老咸菜干。他倒了一碗热水，把老咸菜干洗干净了捞出来，细细地切碎再用陈醋泡好。

母亲不大会腌菜，记得小时候她把大把大把酸朽掉的雪里蕻倒掉之后，就再也没有见她摆弄过腌菜坛子。老家的亲戚知道我家不腌菜，每次我们回去探亲，他们总会挑着捡好些的带上，说念念味道。小时候住筒子楼，邻居家的菜缸就摆在黑乎乎的楼道里，我们这些孩子们每天跑来跑去都能看到盐花一点一点地爬上压咸菜的石头。那时候楼里的邻居们都熟得很，不管谁家的菜坛子开了封，也总会挑些送我们尝尝。

各种腌菜里，芥菜疙瘩酸菜是小时候最常吃的。秋收的时候回老家，一家子的亲戚们都会相互帮忙腌制过冬的腌菜。地里拔回来的芥菜疙瘩，削去疙瘩头上的根须，然后用满是孔眼的菜擦子擦成碎片。芥菜疙瘩的缨子也不会丢，妯娌们会用大菜刀把菜缨子切碎了，和擦好的菜头片拌在一起。擦好的菜水分比较多，要趁着新鲜入坛，大肚细口的菜坛子，先在坛底儿撒一层大粒盐，然后一层菜一层盐地装进坛子里，每装一次都用手紧紧地压实。装满坛子之后，要放上菜叶盖紧了，压上干净的石头。腌菜的石头已经不知道经过多少代主妇的手，早就被盐水泡得乌亮了。压好的菜要随时看着，石头的重量也要逐渐调整，直到从菜里渗出的汁水没掉菜叶才行。压好的菜坛子要摆在阴凉的家里，温度不能太高，这样菜就会自己慢慢发酵。大约二十多天之后，菜汤由苦咸变得咸酸适口的时候，菜就算腌好了。拿去菜上的石头，用干净不沾水的筷子挑一些出来，下在煸过花椒的油里炒一下，顿时香气四溢。

把食物发酵放酸了吃，是一种很古老的吃法。在先秦时期就已经记载了"菹"和"齑"这两种不同的发酵腌菜。"菹"是把蔬菜整个或切片来腌制，而"齑"则是把蔬菜切细后再腌制，芥菜疙瘩酸菜应该算是"齑"。"酸菜"的发酵并不是随意让蔬菜变质，而是在缺氧的环境下让自然界的乳酸菌把蔬菜中的糖分解为乳酸，这种酸性的环境不但可以阻止其他杂菌的繁殖，还能保存蔬菜中的维生素C不被氧化。缺氧的酸性环境还可以中和蔬菜中带来苦味甚至是有毒的生物碱和刺激性有机物，正如芥菜类蔬菜，通过发酵后它们的苦味会彻底消失。参与发酵的有益微生物还可以分解蔬菜中的蛋白质，产生鲜味的氨基酸，这些微生物还会产生一些特殊香味的脂类化合物，从而使得蔬菜的风味发生了极大变化。

酸菜的做法不止一种，和母亲相熟的阿姨常送些南方的酸菜给我们，她的做法也很讲究。买来新鲜的芥菜，串在绳子上挂在南墙上晒，晒到叶子发软后细细地切碎。挑些新鲜的生姜切丝，新鲜的红辣椒切段，拿盐与蔬菜揉搓后再把姜丝和辣椒拌进去。她腌菜喜欢用小坛子，小坛子口上会有一圈檐，她把拌好的菜实实地压进坛子里，然后在菜上浇上煮好的米汤。腌菜的小坛子口很高，正好可以扣一只碗在上面，在坛檐上加水，没过碗口。扣好的菜坛子放在背阴的窗台外，让坛子里的菜静静地发酵。发酵过程中还要不断注意坛子口上的水，切不能干了。半个多月之后酸菜腌制成熟，这种用米汤腌好的酸菜与芥菜疙瘩酸菜不同，米汤酸菜口轻味鲜，空口吃都很舒爽。

空口吃的腌菜，腌菜用的盐分仅仅是调味而已，腌制的重头戏还是要在"酸"上，如果蔬菜的含糖量比较高，那么利用它自身的糖分就可以进行发酵；如果蔬菜水分大或者含糖量不足，人们还要添加糖或者富含淀粉的米汤来保证乳酸菌有足够的"食粮"来完成发酵。乳酸菌可以在缺氧条件下生活，密闭的缺氧环境可以阻止酵母菌这类喜欢氧气的杂菌影响乳酸菌的活动。母亲不擅长腌菜，我想和她腌制手法中常会让腌菜感染杂菌有关，因为在那些腐坏的菜汤表面，常会有白色的酵母菌菌膜。

"齑"的发酵，因为蔬菜被切碎，发酵速度快且很均匀，因其成功率高，而多用于一次成型的腌菜。而"菹"这种整菜腌制，因为叶菜、根菜的菜体比较大，可能需要反复腌制才能保证品质，于是在反复腌制的过程中，人们还可以增加调味料而获得更丰富的口感。

东北辣泡菜是泡菜中很有名的种类，它丰富的味道就是源自反复腌制的结果。腌制辣泡菜用的原料是大白菜，一种菜棵又圆又紧的"包头白"品种是最适合的。白菜需要一剖两半，用手把盐均匀地抹在每片叶子的表面，之后码放到深菜缸里压紧等待出水。一两天的第一次腌制，使得白菜里大半的水分被渍出，白菜的叶子已经变得柔韧，若是气温偏高，白菜还会带有一些微微发酵的味道。从深菜缸里取出的白菜，要用净水漂洗掉菜叶上多余的盐分，一来是让菜更容易入味，二来就是不要让过多的盐分阻止微生物的繁殖。辣泡菜的拌料种类很多，辣椒、蒜末、姜末是不能少的，为了加速发酵、丰富味道，还会在拌料里加一些切碎的梨和苹果，再放上一些鲜韭菜增添香气。将拌匀的拌料，均匀地抹在每一片菜叶上，曾经雪白清淡的白菜，顿时就变得鲜红而夺人口水。抹好的菜还要继续放进发酵的坛子里，并用石头压紧，在避光的阴凉处慢慢地发酵。发酵好的辣泡菜的味道自然不必多述，它的味道早已超越了白菜本身的鲜味，这种味道出于自然而更胜于自然。

并不是所有类型的"菹"腌制起来都很复杂，很多果实类蔬菜也适合做成腌菜。果实类的蔬菜，因其本身富含糖分和各种酶，所以腌渍起来也比较方便。盛夏是豇豆上市的时节，温暖的气温也适合各种菌类生长，我们只要提供相应的环境，便可以做出好吃的酸豇豆。长长的豇豆要选鲜嫩一些的，用手指掐一下，质地脆硬的豇豆要比老瘪一些的腌出来好吃。把买来的豇豆洗干净，挂起来晾到微微发软，然后把豇豆搁在干净的罐子里。煮一锅花椒水，放盐和增香的姜片，晾凉之后注满装有豇豆的罐子。罐子盖好后密封紧实，放在温暖且太阳照不到的地方慢慢发酵，一般二十天左右，清香爽口的酸豇豆就可以出罐了。这种方法还适合腌制黄瓜、辣椒、萝卜等蔬菜，像黄瓜等水分大的蔬菜，可以适当增加盐的分量。

食物腐败的"罪魁祸首"就是微生物的分解，虽然这些小东西可以抑制有害菌，让我们的食物变得风味十足，但是它并不是长久保存蔬菜的方法，换句话说，这种方法只能延缓蔬菜的腐败而无法阻止其腐朽。发酵的酸菜如果发酵过度或者放置时间太久的话，酸菜中的酸性物质和微生物会进一步破坏蔬菜本身，分解蔬菜的纤维素，分解氨基酸以及其他营养物质，蔬菜的口感就会变得绵软，味道会变酸臭，如果继续发酵，蔬菜最后会在微生物的作用下腐朽成一摊烂泥，就没有办法食用了。因此酸菜在普通腌制条件下最多只可以存放几个月，而腌制好的酸菜，要尽快地吃掉。

于是想要长久地保存食物，就是要想办法不允许微生物来分解食物。人们发现酒糟、糖渍、盐渍等方法都可以抑制微生物的活动，然而酒糟中的酒精易挥发，糖渍的糖分容易受潮变质，只有盐渍的食物保存期是最长久的。完全用盐腌渍的蔬菜是不多见的，因为盐渍的过程还要对蔬菜进行风干，原本以水嫩为主的蔬菜便完全失去了其风味，人们如果不是为了不得已的保存，自然不会选择这种方法。话虽如此，用盐腌渍的蔬菜还是有其独特口味，北方的咸菜头和南方的梅干菜就是这种腌菜的代表。

老家的老咸菜干是我印象最深的腌菜，腌制好的咸菜头，质地非常坚硬，因为盐分含量很高，在它皱缩扭曲的菜皮上布满了晶莹的盐霜。我很不喜欢吃老咸菜干，不但吃起来麻烦，而且味道咸中带苦。老咸菜干的做法比较烦琐，但是老家村子里的媳妇们各个都会，如果谁不会腌老咸菜干，是说不到婆家的。做老咸菜干的蔬菜一般选择质地坚实的芥菜疙瘩和萝卜，干旱缺水的土壤中种出的萝卜又硬又辣，虽然不适合吃却非常适合腌菜。萝卜和芥菜疙瘩要先洗净晒水，晒到表皮开始发皱就可以腌渍了。腌菜的缸很大，一次可以腌一百斤的菜。先在缸底撒盐，之后一层菜一层盐地装满菜缸，然后用大石头压紧菜头。等到菜中的水分逐渐被盐析出后，用熬好放凉的花椒水添满，并让菜没在水下。接下来让菜腌渍并发酵七天左右，这个过程让菜"杀青"除去菜的生气，之后加盐翻缸，好继续让菜中的水分析出，反复翻缸三到五次，菜的盐分会逐渐增加，等到菜色变成酱黄色，咸菜胚就做好了。咸菜胚是可以直接吃的，因为盐度适中，可以直接拿来烧菜炖肉，味道咸中带鲜还会吸收肉食中的油分，是冬天替代新鲜蔬菜的好东西；咸菜胚可以继续加工，脱盐后再酱煮和酱腌，便得到了可口的酱菜。

吃不掉需要贮藏的咸菜胚还要继续腌制，菜胚要在高浓度的盐汤里泡上一到两个月。泡好的菜胚要用腌菜的盐汤将其煮熟，并搁在太阳下晒到半干。菜胚晒好后码回空菜缸里，放在阴凉通风处阴干，此时的菜皮上会逐渐析出白白的盐霜，而菜也会坚硬得像石头了。制好的老咸菜干可以保存很多年，穷苦人出门的干粮里绝对少不了它，这样苦咸之物，也只有回头看的时候才备感艰辛。

久藏的老咸菜干再拿来吃是颇费工夫的，先要隔水蒸软后洗去多余的盐分，之后把菜晾到皮干，吃的时候要事先用醋泡一宿才能下粥。每次父亲吃老咸菜干的时候，我都会劝他别费工夫了，他却不以为然，说不吃掉的话丢了怪可惜的。然而每次从老家回来，他却还是总不忘带几块老咸菜干。

于是时间久了，味道越发醇厚，而这味道是忘不掉的。

蔬菜之味

沙拉里的莴苣家族

　　夏日的午后，热气弥漫，蒸腾的水汽在天边集结，似乎就要酝酿出一场阵雨。天气闷热不太好受，连身体都无精打采。首当其冲是食欲的减退，胃口似乎总是沉迷于冷凉的食物，然而太冷的东西还是不要当饭吃，这样做非常容易导致肠胃活动紊乱，还会影响身体的内分泌。于是无奈地坐在冰箱门口寻思要吃什么的时候，发现自己还有一些新鲜的蔬菜，夏天不正是绿叶蔬菜大量上市的季节吗，做份蔬菜沙拉既减肥又可以补充维生素，也算一举两得。

　　蔬菜沙拉做法很容易，一份传统又美味的恺撒沙拉是不错的选择。首先准备一些新鲜的生菜，从市场上买来后，洗干净用冰水微微镇过最好。选择叶子要薄脆一些的，撕成小块，垫放在盘子里。拿两片吐司面包，在平底锅里放少许的蒜油把两边煎成金黄，再切成小块。我喜欢沙拉里有些淡淡的鲜味，于是在生菜和吐司间会放一些金枪鱼碎，再加上一只切碎的白煮蛋，这样还可以补充蛋白质。最后要做的是调味，黑胡椒、芝士粉、芥末是绝对不能少的，再淋一些味道清淡的蛋黄酱和橄榄油，放上几片清香舒爽的罗勒叶子，拌匀后就可以直接下嘴了。

沙拉的种类有很多，味道有甜有咸，也有荤有素。很多细心的朋友都会发现，在各种沙拉食谱中，最常见的搭配蔬菜就是生菜。生菜，顾名思义是"可以生吃的蔬菜"，最早的生菜一词只是泛指那些可以生吃的蔬菜，而后来就单独指一种，这种蔬菜就是莴苣。

最早把莴苣调制成蔬菜沙拉来吃的是罗马人，在公元1世纪的时候，在普林尼的书信中就提到了九种不同的莴苣。罗马人很喜欢吃莴苣，他们认为莴苣有催眠的效果。罗马人认为莴苣的催眠作用是源自莴苣中蕴含的神力，而在现在看来，莴苣的这种效果是源自它含有的一种带苦味的物质——莴苣素。莴苣素是野生莴苣富含的一种有毒物质，这种物质虽然有毒，但是微量的莴苣素可以杀灭细菌，同时可以刺激消化系统从而达到开胃的作用。生菜很适合生吃的原因也源自莴苣素，当我们轻轻掰开生菜叶子的时候，从折断的叶子断面上就会渗出白色的乳液，这种乳液中就含有莴苣素。我们已经习以为常地把莴苣叶子洗干净直接吃，拌沙拉、夹热狗、蘸酱吃都很少会有生病的，正是因为有叶片中莴苣素的保护。然而就算有杀菌乳液的保护，生吃的食物还是不能掉以轻心，不新鲜的莴苣还是不能生吃，而且生吃之前，也一定要确保叶子已经仔细洗净。

莴苣虽然博得罗马人的喜爱，但是在游牧民族的铁蹄之下，莴苣也从历史记载中消失了很长一段时间，直到14世纪才再次出现在记载中，之后的时间里，莴苣作为一种百姓们的果腹蔬菜而得到了广泛的种植。现今的莴苣种类已经非常丰富了，近百个品种主要归属于三大种类：长叶莴苣、皱叶莴苣和结球莴苣。如今的莴苣和罗马人时期的莴苣已经有了很大不同，现代莴苣的苦味已经大大减轻，罗马人信奉的催眠效果也自然没有了，但是由莴苣制作的蔬菜沙拉还是餐前可口的开胃菜。属于长叶莴苣的罗曼生菜就是其中一种，它是恺撒沙拉的必备材料。产自中国的唐生菜，苦味比起其他种类要浓郁一些，这种生菜更适合中国人的口味，因为中国人喜欢把生菜做熟了吃。属于皱叶莴苣的波士顿生菜和奶油生菜，人们喜欢把它们夹在汉堡和热狗里，它们的味道一点都不苦，而且水分还非常充足。属于结球莴苣的西生菜，它的水分含量很高，是各种莴苣配菜中最鲜嫩的一种。因为西生菜很水嫩，人们只能用保鲜膜包裹它来防止水分丧失变蔫。莴苣好吃，但是保鲜很不容易，鲜嫩的莴苣最好不要和水果放在一起，莴苣对水果释放的乙烯很敏感，尤其是结球莴苣，会因为乙烯的影响而快速长斑和枯萎，所以莴苣要现买现吃，这样才能保证莴苣新鲜，从而保证我们的身体健康。

关于莴苣名字的由来，宋代的《清异录》讲道："呙国使者来汉，隋人求得菜种，酬之甚厚，故因名'千金菜'，今莴苣也。"我们已经无法得知"呙国"究竟在哪里，但是它的名字却保留在莴苣的名字里。隋人花重金去买菜种，这在中国蔬菜引种史上是极其少见的，这种出产自呙国的蔬菜，为什么会得到隋人的如此重视？我想大概和古罗马人一样，莴苣的毒素可使百虫不近，对人有药效吧。虽然确切的答案已经不得而知了，但是莴苣来到中国后，很快演化出两种与欧洲莴苣截然不同的蔬菜品种，这就是莴笋和油麦菜。

很少有人会把莴笋和生菜联系起来，毕竟它们之间的样子差别太大了。莴苣在隋朝来到中国，到了唐朝已经成为风靡一时的爽口蔬菜。杜甫很喜欢"兮蔬之常"的莴苣，在寄居夔州的时候还曾自耕自收。在他的长诗《种莴苣》里写道：本来初秋下种的莴苣，却被满地生长的野苋菜挤占出去。杜甫很是恼火，却又很无奈，只得痛恨"此辈岂无秋，亦蒙寒露委"的野苋菜，借而抒发自己不得志的心怀，最后杜甫也不得不向现实屈服，采来野苋菜作为篮中食了。在那个时候，杜甫热爱的莴苣，还是吃叶子的莴苣，到了宋朝，人们渐渐地喜欢上了莴苣的茎，并在宋朝时期培育出了茎用莴苣——莴笋。《东京梦华录》中提到汴梁的州桥夜市上卖有"莴苣笋"，元代王祯的《农书·百谷谱集之五》中则首次记录了关于"莴笋"的条目："其茎嫩，如指大，高可逾尺。去皮蔬菜，又可糟藏，谓之莴笋；生食又谓之生菜。四时不可缺者。"

杜甫种不得莴苣，或许并没有摸清莴苣的生长习惯。莴苣是一年或两年生植物，因为莴苣的种子喜欢凉爽，田里莴苣要在三四月间种下，初起的小苗生长很慢，叶片贴着地面向四面八方展开，逐渐等到气温开始上升的时候，莴苣便快速生长叶片并开始拔高了。如果是生菜，这个时候最适合收获，富含水分的叶子吃起来相当爽口；如果是莴笋，就要等到直立茎长长变粗，茎表皮的颜色由翠绿色变成白绿色的时候才好收获。

盛夏的莴笋是最应季的蔬菜，夏天的傍晚，当暑气还未完全消散的时候，母亲会从菜市场上买回新鲜的莴笋。削皮后洗去白色的乳液，细细地切成寸条，用开水焯过之后放到冰水里拔凉，加上简单的调料汁，淋上些许芝麻油，摆在洁白的盘子里，自有杜甫先生的"登于白玉盘，藉以如霞绮"的美妙。莴笋还可以炒来吃，清爽的味道不沾染任何油腻的气息，在盛夏的燥热天气里，莴笋实在是难得的清爽之品。

盛夏一过，莴苣就会抽薹开花了。因为莴苣的样子很像白菜，人们大多认为莴苣的花朵也会像白菜一样是四瓣的小黄花，可是等莴苣真正开花的时候，那些和蒲公英类似的小花显露了莴苣的真实身份。莴苣是菊科莴苣属植物，正如它类似于蒲公英的花朵，于是这开黄花的莴苣和野地里生长的蒲公英同属菊科家族中的舌状花族。菊科是一个庞大的家族，所有菊科植物的花都有一个共同的特点：它们看上去的花其实是由众多小花组合而成的。莴苣的花也是如此，它的花是由很多小小的舌状花组成的。莴苣花谢掉之后，会长出像蒲公英一样的绒球，风一吹这些果实就带着小"降落伞"四处飞散了。

在中国演化的莴苣种类还有油麦菜。油麦菜是一种与普通欧洲莴苣差别较大的叶用莴苣，在欧洲是非常少见的，很多欧洲人甚至认为它是一种单独的莴苣属植物。油麦菜主要产自中国的南方，在台湾被称为本岛莴苣。油麦菜与莴笋的关系很亲近，我们可以认为，油麦菜是隋朝引种回国的"千金菜"的直系后代。油麦菜和它那些营养成分大跌的欧洲莴苣种类相比，它的营养成分和莴苣素含量要高一些，所以它吃起来会有淡淡的苦味。油麦菜还是一种健康的食物，因为莴苣素的效果，它常被用作夏天开胃的佳肴。

油麦菜也好、生菜也好、莴笋也好，各种新鲜的莴苣已经是人们夏天乃至全年最热爱的新鲜蔬菜之一。在如今，这些食用莴苣的"祖先"还依然生长在我们周围的荒野中，而它的名字还在有毒植物的榜单之上。

广泛生活在亚洲、欧洲以及北非的刺莴苣是食用莴苣的野生"先祖"，它叶片边缘和叶脉上长着长刺，因体内富含着有毒的白乳汁而又被叫作毒莴苣。刺莴苣最早被人们所利用是在公元前4500年的古埃及，古埃及人把刺莴苣奉若神明，他们相信刺莴苣是一种壮阳药物，并使用它有毒的乳汁和叶子来催眠和制造幻觉。刺莴苣的毒性让古埃及人神魂颠倒，这个传统也影响了古希腊人和古罗马人，他们也对刺莴苣的效果深信不疑，并利用刺莴苣制造的幻觉作为与神沟通的途径。食用刺莴苣的习惯还影响了波斯人，在中亚与东欧地区，这种有毒的植物与当地的其他莴苣属植物杂交并改良为我们现在所吃到的莴苣种类，然后再次影响着欧洲食谱。

现在的刺莴苣，从外貌上已经很难看出它与生菜、莴笋的联系，栽培莴苣们已经失去了它的毒素和尖刺。野生刺莴苣更像生长高大的"蒲公英"，在它开花的时候，它会和莴笋一样拔地而起，长得老高老高，并在头顶上开出亮丽的黄色小花。刺莴苣适应性很强，随着人类的脚步它已经走遍了全球各地，由于它有相当的毒性和疯狂的生长能力，并且很容易混到栽培莴苣种子里传播，进而对其他地区的生态环境造成影响，因此它也是海关检疫重点防备的危险物种之一。

坐在阳台上吃着爽口沙拉的我，已经很难想象这沙拉里的莴苣家族的成员曾经长着带尖刺的叶子，倒是罗曼生菜的口感让我很着迷，那种薄且脆的口感才是恺撒沙拉的灵魂所在。恺撒沙拉的历史并不会追溯到古罗马时期，它是1924年一位名叫恺撒·卡蒂尼（Caesar Cardini）的主厨发明的，传统的恺撒沙拉的材料非常讲究，主菜只有罗曼生菜和炸面包丁，配以柠檬汁、蒜碎、芥末、黑胡椒碎、橄榄油、帕玛森奶酪粉、英国乌醋以及一只生蛋黄进行调味，才是最正宗的恺撒沙拉。看着这个传统的菜谱，又看看自己碗里所剩无几的沙拉，想到那只不太卫生的生蛋黄，于是感觉到，沙拉本来就是餐前的开胃菜，这种随意的味道还是按照自己的胃口调制才算最惬意，不是吗？

沙拉里的菊苣家族

　　我对沙拉的感觉就是随心所欲，我们可以在很多种食材中随意搭配，添加的酱汁也可以按照心情来描写。很多时候我总是拿着一只空碗，如果发现阳光很好，我就会摘一些青翠的生菜；如果天气有些阴霾，我就选些红润的番茄；如果天空中云很多，我会拿出薄荷叶子来填味道；如果夕阳西下，我会切一些水煮蛋来积攒些阳光。一碗可口的沙拉的确是心情的写照，如果完全按照菜谱的罗列，我们大约很难知道那些食材会给我们带来什么样的感受。

　　夏天阵雨后的阳光，虽然强烈却会带来几分清爽，一份尼斯沙拉正好可以符合这个心情，正如尼斯这个海岸城市正在沐浴的地中海阳光一样。先撕一些新鲜的苦菊垫在碗里，再取用盐水煮好的马铃薯丁和荷兰豆放在苦菊的上面，此时的碗里，绿的有些浓重；然后切一只白煮蛋，再摘几片红色的番茄，碗里开始变得有了生趣；拿半罐沙丁鱼罐头，把鱼切碎撒在菜上，新鲜的海洋气息便在碗里弥漫；淋上调好的橄榄油醋汁，撒些细碎的莳萝和黑胡椒，一碗风味上佳的法式沙拉就做好了。在这道沙拉里，我把菜谱中的生菜换成了苦菊，因为苦菊会有淡淡的坚果苦味，这给沙拉带来更丰富的气息，也略显我对雨后清爽空气的理解吧。

在各种沙拉里，每种蔬菜都有它自己独特的味觉体验，我们的舌头将它们区分得清清楚楚。苦菊的苦就像雨后远去的云朵里还夹着泛泛的雷声，清爽又刺激着味蕾，于是苦菊对于我来说，似乎比莴苣来得更浪漫一些。很多人认为相貌和味道与莴苣相似的苦菊同属莴苣家族，然而答案正如舌头的感受一样，它们非属同类，苦菊是菊科菊苣属的蔬菜。苦菊是地道的欧洲来的蔬菜，它的中国名字最早被翻译为"苦苣"，但为了和本土真正的苦苣菜区分，而被叫作苦菊。

贺拉斯在一篇描写自己饮食的诗中写道："橄榄、菊苣及锦葵是我的食粮。"（Me pascunt olivae, me cichorea, me malvae.）这位古罗马诗人在很早的古典时代就把浪漫的情怀赋予这种蔬菜了。老普林尼在他的《博物学》中也提到过苦菊，讲到古埃及人在更早的时期就栽培苦菊来当作蔬菜食用。苦菊的学名叫作栽培菊苣，它与野生菊苣有着很近的亲缘关系，大多数人认为栽培菊苣是生长在北非地区的野生菊苣与同属的植物杂交而来。栽培菊苣的种类有三种：碎叶菊苣（Frisee）、裂叶菊苣（Curly endive）与阔叶菊苣（Escarole）。碎叶菊苣与裂叶菊苣的叶片细裂成蓬松的枝状，富含水分的叶片和特有的香味，很适合做成沙拉；叶片肥美的阔叶菊苣，因为味道清淡而适合做蔬菜垫盘，阔叶菊苣的叶片还有淡淡的咖啡香气，于是很多人非常喜欢用橄榄油与蒜一起煎着吃。

栽培菊苣的苦味来源于它自身含有的莴苣素和菊苣酸，其中的菊苣酸带来苦味的同时还带来了类似咖啡的香气。菊苣酸是一种类咖啡酸的多酚类有机物，它是菊苣与松果菊作为药物使用时的有效成分之一，适量的菊苣酸虽然很苦，但是它可以刺激人的免疫系统从而达到消炎的作用。栽培菊苣的菊苣酸含量并不高，但是这种微微的苦味和特别香气，却是大自然在夏天里带给人们的一份健康馈赠。

如果我对苦菊的感受是雨后的晴天，那么菊苣家族的另外一类成员则是更畅快淋漓的"雷阵雨"，它们就是比利时菊苣（Belgian endive）和意大利菊苣（Radicchio）。这两种菊苣从外观上看与常见的栽培菊苣有很大不同，它们的样子很像可爱的卷心菜。比利时菊苣的颜色嫩黄诱人，它的吃法很简单：掰下荷瓣似的嫩叶，蘸一些用牛油果肉打碎的果酱，一口气塞在嘴里。一时间清脆的菊苣叶子开始在唇齿间沁出丝丝的苦味，像急雨一样迅速地扩散到整个口腔；它的苦味比苦菊浓重得多，却让人感受到快速如触电一样的清爽，这种清爽的苦并不会在嘴里待太久，它会随着叶子下咽而消失，之后留给唇齿的感受却是淡淡的回甜。比利时菊苣的苦味一开始并不是很容易让人接受，无法想象嗜甜的欧洲人会对这种味道南辕北辙的东西产生兴趣，然而尝试久了之后，就会发现唾液腺似乎开始依恋这种苦味，每次菊苣下嘴的时候，它都会兴奋地酝酿出滋润这苦味的甘霖。

比利时菊苣的历史没有栽培菊苣的那么悠久，它是野生菊苣在人们的栽培利用中意外发现的。1830年正值比利时革命，比利时的一位名叫扬·拉莫斯（Jan Lammers）的农场主为了躲避战争而逃离了自己的家园。当他再次回到庄园，他发现储藏的菊苣根在黑暗的贮藏室里长出雪白的嫩芽，鲜嫩的菊苣芽迷倒了拉莫斯，他在反复尝试栽培后，终于培育出了这种令人喜爱的美味。用菊苣根培育出菊苣芽的过程叫作"软化"栽培，人们首先选择上年粗壮的菊苣根，通过低温贮藏打破菊苣根的休眠，然后切掉根须后竖直地埋在湿沙土中。种好的菊苣根要用不透光的棚子盖好，放在温暖的环境里，这样块根的顶芽就会慢慢地发叶。由于菊苣的芽见不到阳光，叶片无法伸展，大约经过三十天左右的时间，菊苣根上便会长出叶片紧紧包裹在一起的菊苣芽球了。成熟的比利时菊苣需要尽早摘来食用，收获和存放的时候最好不要见光，因为鹅黄色的叶球会因为阳光的滋润变绿，而变绿的叶片味道会变得苦不能食了。

意大利菊苣是比利时菊苣的改良种，它并不像比利时菊苣那样需要"软化"栽培，而是天生就是可以结出菜球的品种，意大利菊苣大多数是美丽的红色，形状也有很多种：圆形如卷心菜的是"Radicchio"，而长球形的叫作"Treviso"，还有一种叶片卷曲的意大利菊苣"Tardivo"，宛如一朵红色菊花的菜棵让人味形双收。

夏天的雷雨过后，柔和湿润的风会撕开乌云的边角，透出被雨洗的透明的蓝色天空，我深爱着那种沉静柔和的颜色，如原野中菊苣的花朵。

……野紫菀和菊苣的波浪，

闪烁着深深浅浅的蓝，既然你早已知道，

它们与你的衣裳多么相像。

很多人喜爱菊苣的美味，却很少见过它们的花朵，在露易丝·格吕克《晚祷》中那片浪漫的原野里就点缀着这些蔬菜的古老"先祖"——野生菊苣的花朵。这种广布在欧亚大陆的多年生植物，用它粗大的根盘踞在开阔的荒地和山坡上，在贫瘠的土地上舒展着薄而柔软的叶片。每当雷雨频繁的八月，野草样的野生菊苣会"脱胎换骨"般地抽出灌木丛一般的花序，开出一捧捧圆如硬币大小的天蓝色花朵。

蓝色的花朵给人带来无限遐想的浪漫，它的根也沾染着悠然香醇的气息。把菊苣的根制作成咖啡，的确让很多人无法想象。在法国，从法国大革命时期开始，菊苣的根就因为炙烤后会散发出醇厚的咖啡香气而被作为咖啡的替代品，这种做法日后又被引入英、美等国家，也由此造就了世界闻名的新奥尔良咖啡。野生菊苣的叶子富含苦涩的白色乳汁，浓重的苦味无法作为蔬菜来吃，但是这种鲜嫩的叶子对家畜没有毒性，于是野生菊苣还是家畜的优良饲草。

每次看到路边盛开的蓝色菊苣花，都想摘一些回来插在花瓶里，可是这花朵只能坚持到日落，那些未开放的花蕾在离开土地的根基之后就再也无法开花，于是我每次想要看它的时候，只能站在原野的风里。菊苣依然是夏天浪漫的精灵，这种气息就是它与生俱来的，我们只是在情感上心灵相通而已。

生菜，是一种食用叶片的叶用莴苣。它的种类繁多，是西方各种菜式中常用的蔬菜。生菜也分结球和不结球两个类型，结球的西生菜是一种极为细嫩的叶子蔬菜。西来的莴苣，在中国演化出长着长长茎秆的茎用莴苣。茎用莴苣俗称莴笋。削皮之后的莴笋茎味美爽口，是中国人喜爱的蔬菜。莴笋还可以制作干菜，其中一种叫作"苔干"的品种是晒制干贡菜的原料。绘图：倪云龙

莴苣的祖先是一种有毒的菊科植物，它是菊科莴苣属的刺莴苣（*Lactuca seriola*）。经过几千年的栽培和驯化，莴苣已经成为无毒的蔬菜。莴苣的祖先现在依然生活在欧洲以及亚洲的大多数地区，被人们当作一种田间杂草。图片：Thomé, O.W., *Flora von Deutschland Österreich und der Schweiz*, 1885

野生菊苣是两种菊苣的始祖，是菊科菊苣属的美丽植物。菊苣在欧洲文化中代表浪漫，虽然它并不稀有，但是盛花期的菊苣却可以开出一大丛天蓝色的花朵。在很多以自然环境为主题的公园，开蓝色花朵的菊苣是一种非常美丽的观赏植物。图片：Thomé, O.W., *Flora von Deutschland Österreich und der Schweiz, 1885*

豆瓣菜（*Nasturtium microphyllum*），一种喜欢生长在水边的十字花科蔬菜。在西式沙拉中，豆瓣菜是一种不可缺少的食材，它具有淡淡的辛香和脆嫩的质地。在古罗马时代，豆瓣菜是作为治疗抗坏血症的药草，从中世纪开始，豆瓣菜便成为日常蔬菜。豆瓣菜在16世纪左右传入中国，并"逃逸"成为南方较为常见的野生植物，因为来自西方，它又叫"西洋菜"。图片：Thomé, O.W., *Flora von Deutschland Österreich und der Schweiz*, 1885

蒲公英（*Taraxacum officinale*），菊科蒲公英属的极常见小草。蒲公英花期极长，
从早春可以一直开到晚秋，蒲公英的果序是孩子们最喜欢的玩物。因为蒲公
英的种子极易传播，加之适应性极强，这种低矮可爱的小草广泛分布在整个
温带以及亚热带地区。图片：Thomé, O.W., *Flora von Deutschland Österreich und der
Schweiz*, 1885

　　"甜苣",是菊科苦苣菜属苣荬菜(*Sonchus arvensis*)的别称。苣荬菜可以食用,但是它的味道并不像普通蔬菜那样鲜嫩可口。与苣荬菜相近的长裂苦苣菜、短裂苦苣菜、全叶苦苣菜都可以作为野菜来食用,于是在不同的地方,它们被叫成同一个名字:甜苣。图片:Oeder, G.C., *Flora Danica*, 1761-1883

苦苣菜，菊科苦苣属的极常见野生植物。苦苣菜的嫩叶可以食用，但是相比苣荬菜味道则更难以下咽。山西以及西北一些地区所指的"苦苣菜"并不是这种古称为"荼"的植物，而是指乳苣属的乳苣。菊科植物根据花的形态，一般可以分为三大类：舌状花族、管状花族和紫菀族。苦苣菜属于舌状花族，它的花序由花瓣型的舌状花构成。图片：Thomé, O.W., *Flora von Deutschland Österreich und der Schweiz*, 1885

荠菜（*Capsella bursa-pastoris*），一种极易生长的十字花科荠菜属植物。荠菜虽小，但它适应性强生长迅速。一般一年可以生长两次。荠菜最大的特点是它的小角果为倒三角形，这与其他类似的十字花科植物有很大的区别。长相近似的独行菜，角果为圆形；而菥蓂则是倒卵形。图片：Rousseau, J.J., *La botanique de J.J. Rousseau*, 1805

沙拉与蔬菜

　　味觉是一个很神奇的感觉，每一样食物都会在口腔中与我们的味觉器官发生微妙的作用，从而产生各种不同的感受体验。这种体验最初是人类作为分辨那些有营养且对身体有益食物的依据，比如甜味会让人愉悦，因为糖分是人能量的来源，所以人类天生就嗜甜；而苦味则让人产生厌恶，人对苦味最为敏感，苦味意味着食物中含有对人体有害的生物碱以及其他化合物，对这些物质微量级别的敏感，可以帮助人类甄别以及防止误食有毒的食物。

　　在自然界中，植物新鲜的茎叶、花朵、果实都是人类直接采食的食物，于是人们对这些食物的味道最为在意，我们可以通过味道来划分哪些可以吃，哪些不能吃。蔬菜和水果是人类经过漫长选择之后的安全新鲜食物，它们的味道便代表了人类的喜好。这种喜好虽然由人类选择，但每种不同的食材并不会千篇一律，它们会在人们的口腔中产生出各具特色的味觉体验。沙拉是这种味觉体验的最好方式，它是各种新鲜食材或生或简单加工之后混合的味觉集合，各种不同的沙拉便是展示人类味觉嗜好的最佳媒介。

沙拉（salad）一词源自法国（salade），而法语中salade一词又来源于拉丁语"咸味"（salata），由此来看，沙拉的最初的样子应该是用蔬菜经过盐水调味之后的菜肴。对沙拉的理解，可以有狭义和广义之分。狭义的沙拉仅仅指西式菜肴中蔬菜等冷凉食材与酱汁调和后的一种菜式，它常做配菜，偶尔也会当作主菜。广义的沙拉可以从它最初的形式理解出发，将其解释为"凉拌菜"，如此一来它便不仅限于西式菜肴，所有菜肴中的凉拌菜都可以称之为"沙拉"。

大多数人认为西式沙拉起源于中世纪。因为在中世纪饮食中，蔬菜属于低下的食材，穷人会用冬天腌制肉食的酸汁或者盐汁与蔬菜调味作为果腹的食物，这样简陋的食物便是沙拉的雏形。然而也有人认为沙拉起源于古罗马，因为在古罗马时期，蔬菜食用的时候常常会佐以盐水或橄榄油醋汁来调味。东方凉拌菜的起源则扑朔迷离，在各种古籍中几乎都没有关于其直接的记载，仅仅是在明清小说中提到一些荤素冷食的吃法，常常作为正菜上桌前的开胃小菜。

沙拉非常美妙，它的美不仅在于制作简单，而且在于它那丰富多变的味觉组合。从沙拉一词的词源可以探知，沙拉至少由两部分组成：一部分是沙拉的主体，蔬菜水果与各种冷食都可以作为沙拉形的存在，它们的搭配丰富多样决定了沙拉口感与基础味觉的结构；另一部分是调味汁，它们虽然不会以外形来触动人，但是它却是沙拉触摸人们味觉的通道。这样一个简单而又相辅相成的二元体系搭配，不但促成了制作沙拉需要"拌"这样一个必要过程，也使得沙拉更为灵巧，更能捉住人的味觉体验。

新鲜食材是沙拉或是凉拌菜的主体。在西方，人们最喜欢使用的蔬菜是各种生菜。叶莴苣、菊苣、小菠菜以及带有特殊味道的芝麻菜、豆瓣菜都是直接生食的。而在东方，可以做凉拌菜的蔬菜几乎涵盖所有叶菜类，就连"善羹汤"的莼菜都可以作为凉拌菜的主料。冷食的沙拉中的材料以蔬菜为主，其他还可以搭配肉类、蛋奶类、海鲜以及水果，根据不同的口味，这些食材也会成为主料，用来扩充沙拉的样式。西式沙拉多做餐前开胃菜，这种习惯可以追溯到中世纪上层阶级的饮食习惯。味道清淡的蔬菜及汤羹常被当时的贵族当作肉类主菜之前的轻质食物用以开胃，而在餐后则会食用水果或者是甜味小品作为"收胃"菜，人们认为这样做可以帮助消化。这样的习惯逐渐发展出不同风味的沙拉，味淡清爽的蔬菜海鲜沙拉一般会作为开胃菜，而甜味的水果沙拉以及酸味的酸奶油沙拉则作为餐后结束的甜品。

如今西式沙拉分类越来越精细，一般根据食用的先后可以分为五类，而这五类沙拉所使用的主体也有它自己的特点。西餐通常以沙拉作为头盘，这样做一来是以新鲜的口味引起食欲，另一方面是减轻厨房的压力，让食客不必空消磨时间来等待烹制繁杂的主菜，这样的沙拉叫作开胃沙拉（Appetizer Salads）。开胃沙拉通常很丰富，但菜量并不会很大。蔬菜沙拉和以海鲜作为点缀的混合沙拉最适合作为开胃菜，因为清脆多汁的蔬菜可以增加口腔的咀嚼而刺激津液生发，而爽口清淡的味觉则可以打开味蕾。微甜的叶莴苣以及微苦的碎叶菊苣是最常用的开胃蔬菜，此时人们的味蕾正是需要喜好的味觉或是刺激的味觉来激活。莴苣中罗曼生菜与结球莴苣的口感最为细嫩，而栽培菊苣中碎叶菊苣与苦菊的细碎叶片则是增加咀嚼的食材，两者单选或是调和，再加一些带有咸味的火腿和培根碎、鲜味质嫩的海鲜正是给腹中饥饿者最大的安慰。食材确定之后则需要味道香酸的油醋汁作为引导，原本停留在口腔的食欲顿时由酸的刺激让神经带到了胃里，人的感受变得愉悦，一种美好的触觉之后带来的将是对后续的期待。

主食上桌之后，沙拉也不会就此退场，与主食一起搭配食用的配菜沙拉（Accompaniment Salads）也是不可或缺的。在意大利菜肴中，配菜沙拉是必不可少的角色。配菜沙拉的主要作用是平衡主菜带给我们的丰富感受，比如吃油炸或煎制的食物，淀粉质的土豆沙拉是最好不过的，细腻的淀粉颗粒会吸附多余的油脂；烤制或者肉汁丰富的食物则可以用蒜油烹制后的阔叶菊苣或是用盐水煮熟的花菜，这样可以清理口腔里浓厚的味道。配菜沙拉讲究简洁，肉类与其他味道浓重的食物在此时已经不再适合，而过于酸重的调味汁也会影响主菜，同时还会驱赶掉搭配酒水的清香。

有时候主食也有可能是沙拉，尤其是提倡健康饮食的当今，主食沙拉（Main Course Salads）已经成为人们流行的选择。既然把沙拉当作主食，那么它的味道和营养要求就变得丰富起来。主食沙拉的主体非常随意，只要保证蛋白质、糖类、纤维素与脂肪的合理搭配便可以。蔬菜是纤维素和水分的主要来源，那么调味后的肉类、蛋类以及奶酪则是蛋白质和脂肪的来源，原本清淡的沙拉可以加白煮蛋、煎培根增加口感，也可以加调味后的鸡肉和鱼类增加鲜味。水果也可以加入这个行列，味道不太甜的番茄、鳄梨以及木瓜可以为沙拉带来独特的风味。如果淀粉类食物太少，土豆泥、煎吐司面包也可以添加到食材中。一大盘的食材需要可口的酱汁来调和，此时蛋奶类酱汁是最适合的，蛋黄酱与咸奶油酱汁是不错的选择，然而也不能单靠酱汁来调味，我们可以用酸菜粒来化解油腻感，还可以利用各种蔬菜类香料增添味觉刺激，薄荷、百里香、罗勒以及莳萝在此时便可以由着自己的喜好随意搭配了。

　　主食过后便是"收胃菜"。餐后沙拉（Separate-Course Salads）与甜品沙拉（Dessert Salads）都可以作为结束菜肴。餐后沙拉是五种沙拉中最简单的品种，它的作用只是起一个承前启后的味觉过渡。餐后沙拉一般只有一种食材，可以选择较为昂贵精致的比利时菊苣或意大利菊苣，搭配简洁爽口的油醋汁，如此既可以香色皆备，又可以用其清爽的苦味来收敛口腔中丰富的味觉感受。餐后沙拉之后便是用以回味的甜品沙拉，甜品沙拉与之前颇有目的性的沙拉们相比，它就轻松很多，酸甜的口味让它变得更加愉悦且有活力。水果的甘甜，坚果的油香，再加一些口感丰富的果冻，还有水嫩清爽的包球莴苣是最合适不过的搭配。这些香味十足的食材需要味道并不浓郁的酱汁来调和，酸奶油酱汁与甜蛋黄酱是不错的选择，它们可以化解不同水果之间香味与口感的冲突，使之成为一个丰富的整体。

　　西式沙拉太过丰富，而东方的凉拌菜也不会逊色多少。与西式沙拉相比，凉拌菜的作用一般只是作为开胃菜，中式菜肴与其他

东方菜式中则喜欢把热的熟制蔬菜作为结尾菜。东方凉拌菜的食材
要远比西式沙拉多，而且对味觉的感受，凉拌菜则更在其主体食材
上下功夫。东方喜欢熟食，而且荤素也喜欢分开，冷食肉类也算凉
拌菜，但是它与素食凉拌菜还是有很大的区别。素食凉拌菜种类尤
其庞杂，甜味的果实、酸味的发酵菜、苦味的山野菜以及咸味的酱
菜都可以作为凉拌菜的食材，尤其是口味多变的豆制品，则是东方
凉拌菜中非常重要的角色之一。豆制品本无味，但是通过腌制、熏
制、卤制等方法可以为这种口感类似肉类的蛋白质食材添加丰富的
味道。东方人还喜欢使用五味之外的其他刺激，花椒的麻，辣椒的
辣，各种浓郁香料调和出的独特香味是其他菜式难以比拟的。东方
人对植物油的理解也是独特的，芝麻油、亚麻油、麻油、芥末油等
原本带芳香的植物油可以直接添加到拌菜中。同时人们发现油对芳
香物质以及辣椒素的高溶解性，以多种香料植物制成独特气息的调料
油作为凉拌菜口味提升的关键，使得东方凉拌菜的变化更为丰富。

　　中式凉菜喜欢用熟制过的食材，蔬菜、肉类、瓜果等可以制
熟的食物都会事先焯水或者汆制，如此一来食用的时候不但可以去
除食材中的有毒成分，还能灭活杀菌保证菜肴的安全。食材齐备之
后，中式调料汁也很方便，最常用的便是"三合油"：醋、酱油以
及香油，调制均匀便可以直接与食材相拌入食。"三合油"的变化
也很多：想吃酸，可以把醋换作陈醋；想吃鲜，可以把酱油换成鲜
酱油；想吃其他味道则可以变化其中的调料油，四川的辣油、麻椒
油，西北的胡麻油，辛辣的芥末油都可以让原本简单的"三合油"
变得出神入化。相信我们都了解这些凉拌菜的美味，正如汪曾祺老

先生笔下的一道"拌干丝"：

> 拔后的豆腐片细丝入沸水中煮两三开，捞出，沥去水，置
> 浅汤碗中。青蒜切寸段，略焯，虾米发透，并堆置豆腐丝上。
> 五香花生米搓去皮膜，撒在周围。好酱油、小磨香油，醋（少
> 量），淋入，拌匀。

莴苣的清爽，菊苣的浪漫，番茄的香甜，芥末的辛辣刺激，都
是人们按照自己的味觉赋予这些食材的属性，究竟什么样的口味适
合自己，我们还是亲手来制作吧。

篮子里的野菜

　　在乡下的时间里，最开心的事就是去地头玩。跟着亲戚下地，我自然不需帮着做农活，拿着薅谷子用的小铁铲蹲在地头的我，总是挖挖土壤，斩斩头抬得很高的杂草，或者找些不结穗子的玉米秆子去喂拉车的骡子，等一个人玩累玩渴了，便会去寻地头上的篮子。乡下人下地都会提着篮子，干活的时候就把篮子搁在田垄边的草地里，篮子里没有什么特别的东西，除了解渴的水瓶和一点干粮外，也会装着一些锄地时从地头上挑来的野菜。我自然对野菜没有什么兴趣，但也会扒开看看有没有我中意的地梢瓜。地梢瓜是一种长在田埂上的小果子，圆滚滚两头尖，扒开皮还有乳白色的汁液渗出来，舔舔还有些甜味，果皮虽然不厚，吃起来也算有意思，果子里面长着长毛的种子，可以搓开来吹着玩。搓碎的毛絮在手心里被吹出去的时候，白色的碎絮四处飘散，像极了蒲公英。

　　对了，蒲公英就是这篮子里的野菜。从早春开始，地里的耕牛翻起柔软土块的时候，蒲公英就在田埂上摇晃着金黄的小脑袋。蒲公英的花开起来像黄色的小绒球，两三天之后，花朵会重新闭合起来，等它再次展开的时候，它会像变魔法一样变成一只由白色小伞聚集成的毛球，一只小胖手会轻轻地摘下它，小心翼翼地举到嘴边，噗一下，那些小伞便翻转飘荡到晚春的微风里。

蒲公英最好吃的时候也是在春天，向阳的渠水边上，那些长着薄且宽大嫩绿叶片的蒲公英是最好的，不要等它开花，用手掐住叶柄根部轻轻地拔起来，便可以放在篮子里带回家了。蒲公英要趁着新鲜吃，洗去叶片和根上的土，切去根须，上滚水里焯一下去去苦味，拌上调料，用炸了花椒的油浇一下便是味道不赖的小菜。蒲公英的口感和菠菜有点相似，只是味道会有些苦，咬在嘴里嘎吱嘎吱的还有那么点韧劲。蒲公英过了春天就不大好吃了，听家里人说，开过花的蒲公英也能吃，只是苦味太重，过去家里青黄不接的时候，用蒲公英的叶子焯过水，拌上玉米面蒸菜团子，这菜团子看上去样子不错，吃起来却无法形容，不过饿极了的时候，谁还在乎味道？于是这蒲公英是不会摆在我们正式的餐桌上的，蒲公英却觉得无所谓，依然洒脱地在草坡上把花一直开到深秋。

欧洲人也吃蒲公英，这种叫作"狮子牙齿"（dandelion）的小草，会四处开着黄色小花。蒲公英的花朵会被人们摘下来蘸上煎饼糊煎着吃，嫩叶子可以用来拌沙拉，它的根在二战时期还被当作咖啡的替代品。蒲公英还可以做药材：在中国，它用来消肿、治妇人乳痈肿；在欧洲，它被当作利尿和解水肿的保健茶，而正是蒲公英利尿的功效，它还被人冠以"尿床草"的谐名。不过蒲公英似乎不在意别人叫它什么，依然精神地立在草坡上，让风把它带伞的果实愉快地吹走。

蒲公英很潇洒，它会不断地开花，不断地结实，不断地让风带走它的果实。它会占据山野，占据草地，占据我们的花园，占据我们门口台阶的裂缝。蒲公英的花很有意思，看似是一朵柔软可爱的小黄花，其实它是由众多单个的花组成的，这些花只有一片花瓣，像舌头一样而被叫作"舌状花"。每朵花都有自己的雄蕊和雌蕊，小花们会用蜜露喜迎每一只路过的蜜蜂，于是花粉会被蜜蜂带走，雌蕊会受精；倘若开花的天气太冷了，蜜蜂无法出门去眷顾它的时候，它还可以通过自己的花粉和雌蕊受精；如果气候更加恶劣到花朵都无法开放的时候，它甚至可以不需要受精，通过原生卵细胞直接发育产生种子。

我是一颗蒲公英的种子，

没有人知道我的快乐和悲伤。

爸爸妈妈给我一把小伞，

让我在快乐的天地中翱翔……

——电影《巴山夜雨》插曲

于是专注的蒲公英在我们所到之处都会张开它们的绒毛小球，幼小的我最喜欢摘下它，用力把它们吹散在晚春的微风里。

晚春的篮子里，蒲公英的身影会被甜苣菜所替代。

"九九加一九，耕牛遍地走。"掐指去算，春耕的时日正好是春分左右。春耕之前的田里，一冬天冻得发胀的土块开始渐渐地消融，土壤的颜色从灰白变成深褐。曾经冻得裂开的土缝里，甜苣菜幼嫩的叶芽已经一丛丛地挤出来了，拱起的灰绿色的叶边上罩着淡淡的曙红。然而早春还不是吃甜苣菜的时间，春分前后，人们驾着骡车，把堆沤了一冬天的熟肥施到田里，然后开着铁犁把田深深地耕到头。拖拉机慢慢地在田间驶过，在它身后的铁犁便翻出松软如糕饼一般的土块，田里春发的野草也被翻断了根须，大多数都会被土块掩盖化作春肥来滋养作物了，可甜苣菜不会，它只是暂时从田里消失。

几场春雨过后，上种的作物纷纷开始发芽露头了。清明到谷雨之间是第一遍春锄的时间，虽然离上种只过去半个多月，地里的草已经长得绿意荣荣。此时田里最多的杂草就是甜苣菜，半尺高的叶片立挺挺地站着，别看它样子很神气，手拿锄头在它身后斜插下，深深地往回搂土，它就乖乖地从土里出来了。带着白嫩寸段"根须"的甜苣菜是最好不过的野菜，俯下身子把抖去泥土的菜棵捡到篮子里，根子断头的乳汁粘在手指上，散发着春天独特的鲜味。

甜苣菜吃法很简单，洗干净下水焯熟，切成寸段和捣好的蒜汁拌好，淋一些芝麻油就是非常爽口的小菜；或者焯水后下锅和肉丝炒熟，也是一道下饭的妙菜；东北人颇为豪爽，他们喜欢生着蘸酱吃，也许正是这种性格可以衬得出甜苣菜的清苦。甜苣菜只要不抽薹，可以从春末一直吃到立秋，而农历初夏的四五月间是甜苣菜最嫩也是最多的时候，每次锄地回来都可以捡满满一篮，新鲜吃不掉的甜苣菜可以用盐腌渍起来，腌好的酸菜可以切碎了和辣椒炒在一起，喝粥的时候佐着吃。

甜苣菜虽然名"甜"，但是它也是属于味道腥苦的"苦菜"。提到苦菜，《诗经·唐风·采苓》里"采苦采苦，首阳之下"的诗句就已经提及。苦菜古称"荼"，《尔雅》中讲道："荼，苦菜。"古代的苦菜是一种极苦的食物，"荼毒"一词，就可以窥见其滋味难忍，至于"荼"具体是何种植物，现在已经很难考证，大多数人认为古代的"荼"很有可能是现在的菊科苦苣菜属的苦苣菜。"苣"一词，作为蔬菜在历史上所指也颇为丰富，但大多都说与"荼"相近，晋代陆机在《诗义疏》中说："苣，似苦菜，茎青；摘去叶，白汁出。干脆可食，亦可为茹。"于是结合现在各地对"苦菜"的描述，我们可以大概了解到历史上的"苦菜"包括"荼"与"苣"两种。如果按照现代的植物分类来看，"苦菜"应该是菊科中苦荬菜属、小苦荬属、苦苣菜属以及乳苣属中可以食用的野菜的统称，这些种类的野菜都有一个共同的特点，就是截断茎叶之后，都会流出腥苦的"乳汁"，于是味道清苦且有乳汁的甜苣菜正是属于"苦菜"这个范畴。

"苦菜"的种类繁多，这些苦菜也可以细分为很多个类型："苣（qǔ）荬菜"、"苦荬菜"、"苦苣菜"和"甜苣菜"。在东北和华北，"苣荬菜"主要是对菊科苦苣菜属中极其相似的三个种的称呼：长裂苦苣菜、短裂苦苣菜、全叶苦苣菜。在秦岭以南，"苣荬菜"则专指苦苣菜属的苣荬菜。"苦荬菜"在很多地方被叫作"苦菜子"，它是菊科苦荬菜属中的苦荬菜、剪刀股以及小苦荬属中的小苦荬与中华小苦荬的统称。"甜苣菜"是山西及西北对

"苣荬菜"的叫法，但它主要是指具有地下茎和耐盐碱的全叶苦苣菜，而其他两种则相对少见。

有"甜苣菜"，亦有"苦苣菜"。这里的"苦苣菜"并不是指苦苣菜属的苦苣菜，而是样子与生长环境都与甜苣菜相似的乳苣。乳苣从外表很容易与甜苣菜混淆，只有在开花的时候才会发现它们的大不同，甜苣菜的花朵很像蒲公英，是黄色的花朵，而乳苣的花朵是蓝紫色的小花。乳苣的味道比甜苣菜更苦，虽然没有什么毒性，但是浓重的苦味总会给人带来并不愉快的感觉。

甜苣菜虽然可食，但是它也是农田里令人头痛的杂草，每次锄地过后，只消一场雨，它便开始萌发露头，几天之内又会恢复原样。等到立秋之后，人们会发现它早已把农田四周的寸土都占领完毕，齐刷刷地探出高挑的花茎，开出明黄色的花朵。这种似乎被施了魔法一样的强大生命力就源自它的无性繁殖本领。甜苣菜是一种坚韧的植物，它耐寒冷、耐干旱、耐盐碱，虽然根不粗大，但是它具有发达的地下茎，这种在土地上看似纤细的植物，在土壤之下，它洁白而纤细的地下茎可以四通八达生长成一个地下王国，只要这些地下茎一钻出土壤，就会在节上长出小苗，于是想要真正的根除甜苣菜是一件很难的事情。

于是甜苣菜多了一些"固执"，它似乎对人们很不屑，无视人们对它的喜爱，也无视人们对它的摧残。

强大的生命力是菊科植物立足于这个世界的本领，纵然它们只有柔弱的身躯，它们会利用它们的智慧去争取在这个世界中生存的权利。

生长在江南的马兰就是一种纤细柔弱的野菜。

春雨回暖，在河岸的草滩上，或者路边潮湿的空地，是这种长着类似菊叶的小草最喜欢聚集的地方。幼嫩的展着三四片叶的小草棵，密密麻麻地挤在一起，光亮的叶片还攒着雨后的水珠儿，叶片层叠着，争先恐后着，相互推搡着，像一群叽叽喳喳抢食的雀儿，在和风中抖甩着翠绿。这样热闹的气氛也印染在那些挑马兰头的人们身上，所到之处都像是赶海潮的燕鸥。

挑马兰头，要手拿一把小剪子，一手捋叶，一手将嫩梢剪下，剪下的菜梗要刚刚微红，太红的菜梗会柴硬，挑好的马兰头装在小篮子里，细细闻闻，会有种淡淡的菊香。新鲜的马兰头不能直接吃，需要用水洗去浮尘，下到开水里烫去生涩，捞出攥去水分才能备用。烫好的马兰头吃法很多，可以同豆腐干一起切细凉拌，加些花生碎和麻油便是好菜。马兰头还可以做成豆腐羹，嫩豆腐的爽滑和马兰的清香可谓是相得益彰。清鲜的马兰头还可以解除油腻，清人袁枚的《随园食单》中就写道："马兰头摘取嫩者，醋合笋拌食，油腻后食之，可以醒脾。"

> 离离幽草自成丛，
>
> 过眼儿童采撷空，
>
> 不知马兰入晨俎，
>
> 何似燕麦摇春风。

陆游咏园中百草，却见得马兰被孩子们采去做了早饭，无法像燕麦在春风中得意地摇曳了。陆游同情马兰的柔弱，但是他也明白那些被采空的马兰会在一场春雨后再现。马兰和甜苣菜类似，它的根虽浅，但是也有相当发达的地下茎。冬天虽冷，马兰的地下茎却并没有停止生长，为的就是能在回春之时，快速地占领潮湿的河滩。成片的马兰是不怕踩踏的，它的生命策略就是利用相互维系的庞大"家庭"来抵御外来变化，每棵表面上柔弱的马兰，在它的背后却有众多的"兄弟姐妹"在支持着，如果它被人采取叶芽，相互联系的地下茎会继续供给养分，于是新的小苗又会破土而出。

　　七月中旬梅雨过后，太阳重新照耀到河岸湿地，曾经是丛丛小草的马兰也长到一尺多高，阳光的照射促使马兰开始开花了。马兰的花朵形似菊花，乍看是一朵花，其实这朵"花"是由众多小花组成的：外部淡紫色如花瓣一样的是舌状花，中心那些像小管一样的黄色管状花则形如花蕊。这种聚合在一起的花被称之为"头状花"，这样奇特的结构也是菊科植物的标准特征之一。马兰和蒲公英一样同属菊科植物，大多数菊科植物都有一个特点就是在果实的顶端常常会长有一圈"冠毛"，比如蒲公英像小伞一样的毛就是冠毛的一种。果实拥有这种毛之后，就像长了"翅膀"，轻盈的身体加上冠毛便可以随风散播。然而马兰的果实上也有可以"乘风"的冠毛，但是因为马兰久居湿润之地，它的冠毛已经变得极易脱落，马兰传播果实的途径并不靠风，而是依靠果实扁平的身躯混迹于动物的毛发，以及轻盈的身体可以随波逐流。

　　"荠菜马兰头，姊姊嫁在后门头。"这是周作人在他的《故乡的野菜》里提到的一首儿歌，不知道这首歌谣现在还有没有人会唱。周作人在文章里说，荠菜和马兰头都是浙东人春天常吃的野菜，后来马兰头有乡人拿来进城售卖，而荠菜还须自家去采。的确，荠菜是野了些，野到早春在楼下的砖缝里伸懒腰，野到阳坡草滩上四仰着晒太阳，野到春暖花开的时候一不小心就会在脚下发现它在瞪眼看着你。荠菜不像苦菜需要深厚的土壤，也不像马兰需要潮湿的滋润，在南北各地，只要春天的天空开始变明亮，阳光变温暖，它就会冒出头来，跟随着你的脚步。我们似乎不用刻意去寻找它，因为它会不定地出现在你的周围，在暖风里举着细小的白花。

的确，荠菜又有些随意，随意得让人本没有采撷野菜的心，却被它的可爱深深地揪出来了。于是顾不上回家再去寻篮子，用手指捏住荠菜的根头就可以拔出土壤。向阳坡头的荠菜喜欢成片生长，绿油油地占满了每个角落，不消一会儿，眼看着兜起的衣襟也要塞满了，心头却还放不下眼前的那棵更加壮实的菜棵，果断顾不上泥脏，把手中荠菜捋捋土，咬在嘴里，腾出手来了却这份心愿。满载而归的路上已经不敢再四处张望了，生怕阳光下那些随意的小白花向你招手。

《诗经·邶风·谷风》中有："谁谓荼苦，其甘如荠。"在野菜中相比起来荠菜的味道是最好的，一来无腥苦，二来无怪味，摘些叶子用手一搓还有些淡淡的甜香，这种不偏不怪的味道，与其他食材搁在一起，淡者出味，浓者提鲜。清鲜的荠菜可炒、可烩，多则可以剁肉拌来做馅，少则炒个鸡蛋或氽碗鲜汤也是令人最舒爽不过的事情了。于是从北朝《齐民要术》中记载的可以替代莼菜的荠菜"芼羹"，到陆游的"残雪初消荠满园，糁羹珍美胜羔豚"，再到郑板桥在画中感叹"三春荠菜饶有味，九熟樱桃最有名"的回味，荠菜用它的滋味延续了人们对它上千年的钟情。

荠菜瘦小，再丰满的菜棵也只有巴掌大。这种十字花科的小植物，叶迎春而生，花探春而放，春末的时候，它那倒三角形的小角果便裂开释放种子。荠菜的种子非常微小，遇到湿气便会分泌黏液，这种本事可以让它免费搭乘各种可以移动的物体，最合适的是昆虫，轻小的种子会粘附在昆虫的身体上到处传播，等到黏液干掉，它就会落到目的地了。荠菜和很多十字花科植物一样，是两年生植物，种子趁秋天的湿润快速发芽成长，在冬天利用根来度过寒冷，春天天气回暖，荠菜就会迅速萌发。春天的荠菜才不会等着人来挖，它快速长叶的同时也会抽薹开花，在春天温润的时光里迅速完成繁衍后代的任务。荠菜无毒也无异味，自然是各种动物窥视的美味佳肴，它是如何躲避这些食客的光临？这个问题也是很值得人们来琢磨的，虽然现在并没有定论的解释，但是我们似乎可以从它的外表找到一些线索。采过荠菜的人都知道，想要在一大丛春草中识别荠菜是一件不大容易的事情。因为荠菜的叶子并不像一般的植物一样拥有固定的叶形，它的叶子形状是复杂多变的：有的叶子是齐边的，类似苦荬菜；有的叶子又是锯齿的，类似蒲公英；甚至在同一棵荠菜上，它的叶子形状也会有很大出入，看上去就像一个诡异的怪胎。荠菜很聪明，当它混杂在这些难吃的植物中的时候，很可能会因为食客觉得难吃而逃过一劫。人们对植物的认识已经很详细了，但是在踏春挑荠菜的时候也很容易因为它多变的样子而看走眼，于是这些漏网之鱼会抓紧时间抽薹开花，当白色的小花挂满枝头的时候，人们也不再会采入篮中，因为开花的荠菜，已经老得发柴了。

这些或许就是它们的智慧，这些生在田边陇畔、沟渠路边的低矮植物，没有惊人的姿态，更没有艳丽的花，却凭借对这个大自然奇妙规则的谙熟，悄悄地在我们身边。于是人类对它们来说只是这个自然的一部分，而它们对于我们来说，或许是成为我们生活、记忆、文明的一部分，它们也或许会从我们的视野中消失，而它们并不在意这个，它们就是如此执拗地活着。

异域之实

让世界疯狂的辣椒

　　我总是对辣椒爱恨交加，爱的是它红彤彤诱人的颜色和入口后的火热让人食欲大增，恨的是每次大快朵颐之后总会因为"上火"而烦恼不堪。就算是这样复杂的感情，我却从来没有让它缺席过我的餐桌。八月秋雨来临前，母亲喜欢到菜市场上买来应时的红螺丝椒，我则喜欢打下手帮着她一起做辣酱。每当看到红得光亮的辣椒扭捏着身子在绞碎机里变成红色的辣椒碎的时候，我舌根下总会自然地泛起微甜的津液，这个与"望梅止渴"似乎有着异曲同工的妙处。

　　辣椒的辣味，源于辣椒果实中的辣椒素，辣椒素由五种不同的化学成分组成，其中三种会让人在吃下辣椒那一刻迅速感受到强烈的烧灼感，而另外两种则起效稍慢，会让人口腔有持续的热刺激，并刺激唾液腺分泌唾液。正因为这样的复杂刺激，人们能感受到辣椒带来的丰富灼热感觉，加之辣椒素的刺激还会增加人体释放令人愉悦的内啡肽，于是这种痛苦带来的莫名其妙的兴奋感受一旦被人接受，便欲罢不能。在自然界的果实里有如此神奇味道的恐怕只有辣椒，而这种神奇的果子正是利用这种灼热的奇妙感受俘获了全世界人们的心。

辣椒辣得热烈，使全世界的人都迷恋它，辣椒已经成为名副其实的"世界食物"。这种着魔般的热爱，使得辣椒已经根植于世界各种文化之中：中国四川的麻辣之风，印度火热的咖喱，韩国腌渍的泡菜，墨西哥的辣椒沙司，还有意大利的辣椒汁。至少我是每天都离不开辣椒，虽然只是北方人，但在餐桌上，除去母亲每年都会腌制的辣酱之外，把剁碎的鲜辣椒和香菜一起腌制的"老虎菜"、用干辣椒加香料炸制的油辣子，都是必备的下饭作料。我们的生活已经被这辣的味道所侵染，也很自然地认为辣椒和我们的关系如此亲切。

然而辣椒并不是中国自古就有的。明代高濂撰《遵生八笺》中提道："番椒丛生，白花，果俨似秃笔头，味辣色红，甚可观。"文中的"番椒"指的就是辣椒，和"番薯"类似，它是由外国人从海上传来的，因此辣椒又叫"海椒"。辣椒刚传入中国的时候并没有走上餐桌，而是被人栽在花盆里赏果玩。辣椒被当作食物是清朝的事情了。最早大量开始吃辣椒的是贵州，贵州潮湿，贵州的少数民族发现了吃辣椒可以除湿气的特点，康熙六十一年《思州府志》有记载："海椒，俗名辣火，土苗用以代盐。"用辣椒代盐，便是贵州人的发明。这种嗜辣的风气后来慢慢地影响了临近的湖南和四川。嘉庆年间，四川吃辣椒风潮似乎一夜之间冒了出来，"惟川人食椒，须择其极辣者，且每饭每菜，非辣不可"；直至道光年间，用辣椒入肴已经遍布全国。辣椒在中国的攻城略地如此之快，是任何一种蔬菜和调味品都比拟不了的。

　　辣椒最初的名字虽为番椒，但是老百姓们却喜欢叫它"辣角"，这个词不仅是形象地说明它形如尖角，还因为它和中国本土的"椒"并非一物。辣椒到来之前，椒指原产中国的花椒以及被称为"越椒"的食茱萸。然而在辣椒丰富火热的辣感之下，曾经代表"辣"的食茱萸被挤出餐桌，而花椒也只能与它平分秋色，也正是这种看似歪打正着的改变，使得麻辣成为川菜至高无上的核心口感。辣椒不但摘得"椒"这个名字，而且还渐渐渗透进中国的文化之中，中国的五味"酸甜苦辛咸"中的"辛"字，原本代表一切具有刺激气味的食材，包括花椒、葱、蒜、姜、食茱萸等，而辣椒的到来，让这个辛字的意思也发生了微妙的变化，不但是刺激，更有火辣在其后，甚至在我们的口语中五味的表述直接变化成为"酸甜苦辣咸"。从番椒到"辣角"最后变化为辣椒，这使得辣椒在中国人心里已经从一样"番物"成功进化成为中国文化中一个不可或缺的元素之一。

　　中国人种辣椒的种子是葡萄牙人从遥远的西方带来的。然而辣椒真正的故乡却比葡萄牙更遥远，它在大半个地球之外的美洲。有人认为，公元前5000年的时候玛雅人就已经开始吃辣椒了。考古学家则认为，人类开始种植辣椒是在公元前5000年到公元前3400年之间，于是辣椒也是人类最早栽培的农作物之一。古代印第安人栽培辣椒，不仅仅是作为食物，还是进贡国王的贡品和祭祀用的祭品，阿兹特克人可以使用辣椒来交税赋，而托尔特克人则规定他所属的部分城邦只允许拿辣椒来做贡品，美洲的古代文明对辣椒一直保持推崇，直到西班牙人来到美洲，这些习俗才渐渐停止。

把辣椒第一个带到欧洲的是西班牙人。哥伦布在西班牙国王的资助下，带着他的船队第一次横渡大西洋。他们的初衷是为了寻找通往东方的新航海路线，以求带回亚洲的黄金和香料，这香料清单里便有产自印度的胡椒。但是西班牙人发现美洲新大陆之后，歪打正着地找到了印第安人的黄金，只可惜没有找到真正的胡椒。他们从印第安人那里认识了辣椒，因为类似的味道，可怜的西班牙人把辣椒误当作胡椒而带回了欧洲。结果显而易见，辣椒并没有成功地成为胡椒的替代品，它只是被当作稀罕的新大陆植物而被种在英国或者意大利的植物园中供人观赏。

和西班牙人一起到达美洲的葡萄牙人却不同，他们并没有停步，达·伽马绕过非洲的好望角之后，发现了通往东方印度的航线。辣椒的果实很容易干燥，辣椒的种子也轻便容易携带，加之它的寿命长发芽率也很好，很容易适应新环境的辣椒便随着葡萄牙的航船绕过好望角开始在东非登陆。东非人喜欢浓烈刺激的食物，辣椒在这里如鱼得水，登陆的辣椒很快就在非洲蔓延开来，以至于之后美洲奴隶贸易中，辣椒竟然成为非洲奴隶们在北美唯一可以回味故乡的食物之一。葡萄牙的航船经过漫长的印度洋之旅挺进南亚次大陆，经历风浪后辣椒的种子依然可以在遥远的印度落地生根。这种强大的适应能力加上热烈奔放的味道，使得辣椒迅速在南亚大陆以迅雷不及掩耳之势散播开来。于是印度人热爱的咖喱里纵然有上百种香料，最后它们也只能给辣椒分一杯羹，辣椒又凭借它对味蕾的奇妙刺激为自己打下一片新的江山。至于离开印度之后的故事或许谁也猜得到，辣椒随着葡萄牙人的风帆站在了中国浙江的土地上。

辣椒再次登陆欧洲是它初次到欧洲的五十年之后。然而把辣椒带上这片土地的人不是葡萄牙人而是土耳其人。随着奥斯曼土耳其帝国的扩张，在印度生根发芽的辣椒由土耳其商人带到了东欧，然后继续西传到德国，这次辣椒的角色再也不是花盆里的观赏植物，而是和胡椒匹敌的印度香料。虽然这次欧洲彻底被辣椒所征服，可笑的是固执的欧洲人直到1868年才知道辣椒最初并不是来自印度的。

辣椒随着人类的脚步征服了世界，它现在已经是全世界种植面积最广的作物之一，登记在册的栽培种类已经超过2000种。这数以千计的辣椒品种，都是源自中美洲的热带地区。

辣椒在植物分类上和茄子同属茄科，因此也难怪人们叫它"辣茄"。辣椒其实是辣椒属植物的统称，在它的原产地中美洲热带地区，生长着30种左右的辣椒属植物，而我们现在吃的"辣椒"则是人们驯化并栽培的其中5种。

玛雅人最早吃到的"辣椒"是草本辣椒（*Capsicum annuum*）。经过几千年的栽培，野生多年生的草本辣椒逐渐被人类驯化为一二年生的植物，当西班牙人从原住民手里得到它的时候，便取名"一年生辣椒"。野生的草本辣椒不是很辣，这也是人们早期能接受它的原因。聪明的印第安人将草本辣椒培育出很多种类，其中没有辣味的甜椒、辣度适中的番椒（cayenne）、墨西哥辣椒（jalapeño）是最出名的三个栽培种。如今的草本辣椒，果实的样子千变万化，大到如苹果一样的甜椒，肉厚多汁，还拥有黄、红、绿、紫等各种颜色；小到如小指一般的杭椒，味道香辣爽口。草本辣椒的生长周期经过驯化已经大大缩短，播种发芽后三个多月便可以开花结果，这也使得它的栽培范围可以从热带一直延伸到温带，这样的适应性也能让更多的人品尝到它的味道。第一个登陆中国的辣椒就是草本辣椒中的番椒，在热爱它的中国人的培育下也拥有众多大家耳熟能详的品种：菜市场上微辣的牛角椒是我们餐桌上尖椒肉丝的主角之一；做郫县豆瓣、豆豉辣酱、辣椒油、辣椒粉的大红袍辣椒，大多数人都离不开它；湖南剁椒鱼头里的线辣椒，以及原产东北的美味杭椒都是番椒的直系后代。

世界名气最大的塔巴斯科（Tabasco）辣椒酱，是1868年由美国人麦克汉尼从中美洲得到的一种独特辣椒为原料制成的。这种独特的辣椒就是灌木辣椒（*Capsicum frutescens*）。灌木辣椒和草本辣椒一样原产墨西哥的热带雨林里，但是两者有着明显的区别。它们的区别为前者是多年生木本而后者则是草本，然而最大的区别在于灌木辣椒的果实朝上生长，而草本辣椒的果实则是朝下生长，如此灌木辣椒又叫朝天椒。朝天椒的栽培历史也很早，但是它走出中美洲的时间却比番椒晚，把它带出中美洲的并不是前面说到的麦克汉尼，而很可能是荷兰人。17世纪初，英国与荷兰打破了西班牙和葡萄牙的海上霸权，解放了被两者控制很久的香料贸易。荷兰人还从葡萄牙人手里夺取了巴西东北部以及圭亚那地区，并继续做着辣椒贸易。亚马逊盆地是野生朝天椒的天然分布地。或许是荷兰人在这里发现了比草本辣椒更辣的朝天椒，并把它们带出了美洲。坐着船绕过好望角之后，朝天椒在东非的埃塞俄比亚得到了热烈欢迎。直到今日，埃塞俄比亚人喜欢用朝天椒、香料搭配各种肉类来制作出名叫"卡伊瓦特"的美味炖菜，堪称国粹。中国的朝天椒也是由荷兰人带来的，一开始只种植在台湾。人们称朝天椒为"番姜"，乾隆七年（1742）《台湾府志》有记载："番姜，木本，种自荷兰，花白瓣绿实尖长，熟时朱红夺目，中有子，辛辣，番人带壳啖之，内地名番椒。"在府志描述中有一个小小的谬误，就是把木本的朝天椒与先到中国的草本辣椒混淆在一起。

虽然朝天椒的个头比草本辣椒小很多，但是辣味却比草本辣椒更加浓重。这个也给嗜辣的人们更多爱它的理由。在中国，朝天椒也发展出很多品种，最有名的当属产自云贵的小米辣，小米辣个头小，金黄的果实成熟之时是一簇一簇挤在枝头。辣感十足的小米辣最适合做泡椒，四川泡菜、泡椒凤爪里绝对少不了它。重庆火锅里紫红色如樱桃的樱桃辣椒，它短小香辣的特点，我们不用猜也能明白它也有着朝天椒的血统。朝天椒不但混迹于餐桌，它还是园艺观赏栽培中的宠儿。与其他辣椒不同的是，朝天椒的果实是一簇一簇向上长在叶子之上。在人们的精心培育之下，朝天椒的果子玲珑可爱，颜色丰富，它的叶子也小而浓密。观赏朝天椒中很有人气的是五彩椒，人们可以把它栽种在花盆或者花坛里，当枝头一丛丛绿色的辣椒开始成熟的时候，会根据成熟度不同显现出黄、紫、橙、红的颜色，这样一树五彩果实既可看又可吃真是一举两得。

从海南回来的人们都喜欢带一种特产辣椒酱，我一直很好奇一瓶橘黄色的辣椒酱有什么神奇的，直到后来我才知道，这辣椒酱的原料是一种与众不同的辣椒。这种辣椒名字叫作黄灯笼椒，它是中华辣椒（*Capsicum chinense*）在海南的一个栽培种。别看它名字叫"中华辣椒"，它的故乡并不在中国，它依然是从中美洲远道而来的。1776年，荷兰内科医生兼植物学家尼古拉斯·冯·雅克恩（Nikolaus von Jacquin）在加勒比海地区采集到一种新辣椒的种子，他犯了一个错误，误认为这种辣椒源自中国。于是他想当然地把它的名字叫作"中华辣椒"，这个错误就这样被人们接受了，并且将错就错地叫到了现在。"中华辣椒"因其产地又叫作哈瓦那辣椒，也因果实外形短胖且皱皱巴巴形如灯笼而叫作灯笼椒。灯笼椒和朝天椒一样是多年生植物，只是它的分布没有朝天椒那样广，它依然喜欢湿热的热带生活，于是在中国，只有海南这样绝对热带的地方才能出产这种辣椒。

　　相对其他辣椒，灯笼椒似乎不太为人所知，但是说到它的后代却是辣椒家族的金牌明星，因为全世界出产的最辣的辣椒全部都有它的血统。2010年荣登最辣宝座的"娜迦毒蛇"（Naga Viper pepper）的火辣程度竟然是普通大红袍辣椒辣度的四百多倍。据说产自印度东北部阿萨姆邦山区的一种天然杂交灯笼椒，它的名字叫"断魂椒"（Naga Jolokia），其辣度仅次于"娜迦毒蛇"。在当地，因为生活所迫，人们为了防止野象糟蹋田地而不得不种植各种辣椒来做篱笆，在和野象较量的过程中，人们偶然发现了这种奇辣无比的辣椒品种，它辣到可以让野象闻到它果实的气味之后掉头就跑。这样高辣度的辣椒已经不能下锅了，只能用来当作药材或者制造辣椒素。面对这些让人敬而远之的怪胎，普通的灯笼辣椒的口味还是值得一试的，以海南的黄灯笼椒制作的辣酱也是爱辣一族的心爱宝贝吧。

原产南美洲的风铃椒（*Capsicum baccatum*）和20世纪初才在墨西哥发现的茸毛椒（*Capsicum pubescens*）是栽培辣椒种里两类观赏型辣椒。风铃椒拥有奇特的果实，而茸毛椒则拥有漂亮的花和叶子。风铃椒是栽培辣椒中果实最有特点的一种，在它疏散的枝叶下，长长的梗上挂着一个一个形似铃铛的果实。茸毛椒虽然发现比较晚，但更能博得人们的喜爱。彩叶椒是茸毛椒的一个美丽变种，它的叶色绚烂，淡紫色的叶片上有着斑驳的黄绿色块，或是各种花色的明快渐变；它的花开得精致，紫红色的花朵十分乖巧；它的果实鲜红欲滴，好似一粒粒玛瑙珠儿缀在枝头。虽然风铃椒和茸毛椒在栽培上多用来做观赏，它们可爱的果实一样也可以拿来食用，只是我们看着它们可人的样子，估计谁也不忍心下手吧。

纵使辣椒有如此千变万化，人们热爱它的理由还是因为辣椒可以给予我们其他果实无法给予的那种奇妙辣味。人们也为了培育出新口味的辣椒而绞尽脑汁，面对这众多的辣椒，我们应该有一个辣度标准来衡量。测量辣度的方法是由一位美国药剂师发明的，他将一千克辣椒打成浆，然后看看使用多少升水混合果浆才能让人无法尝出辣味，这个单位就拿他的名字来命名，叫作史高维尔（SHU）。印度的"娜迦毒蛇"的辣度是1,382,118 SHU；"断魂椒"的辣度则是1,041,427 SHU；中国最辣的辣椒"涮涮辣"，它系出豪门，拥有朝天椒和灯笼椒的血统，但它的辣度只有444,133 SHU；而我们常吃的大红袍仅有2500 SHU，就是这2500 SHU的辣度已经让普通人吃到口舌焦灼汗流浃背了。并不是每个人都能欣赏辣味，如果快感变成痛苦，我们就要想办法去解决，大口喝水并不是一个好办法，因为无色无气味的辣椒素几乎不溶于水，冰镇过的酸奶应该是理想的选择：乳酸的酸性可以中和部分碱性的辣椒素，而辣椒素本身也易溶于酸奶所含的脂肪。虽然想彻底除掉辣椒素并不容易，不过少安勿躁，深入黏膜的辣感会随着辣椒素的分解渐渐消失。

　　说到这里，我们都会有这样一个问题，辣椒为什么要让它的果实充满让人痛苦的辣味呢？我想辣椒并不会浪漫地回答这个问题。因为每种植物都有它们自己的生存之道，辣椒也一样，它们的果实拥有辣的味道，完全是为了完成使命——传播种子。辣椒的种子小而薄，当鲜艳的果实被动物用来填肚子之后，经过哺乳动物强力的消化道，种子便会失去发芽的能力；而消化能力相对较弱的鸟类，种子被排出体外之后依然具有发芽的活力。于是辣椒为了让自己能有后代，它的果实产生出刺激的辣椒素来防止哺乳动物去触碰果实，然而对辣椒素没有任何感受的鸟类则可以大快朵颐，只是辣椒素可以促使鸟类的肠胃蠕动，从而加快种子的排泄。这样看似啼笑皆非的设定，却是聪明的辣椒为散播种子所做的计划，小而诱人的果实，长成长角的形状，便是方便鸟类吞咽，于是辣椒的种子，可以搭乘善于迁徙的"航班"顺利到达远方的目的地。作为"受刺激"的人类，食用辣椒就变成了十分"怪诞"的行为。这种行为或许是因为人类由天生强烈好奇心的驱使而敢"冒天下之大不韪"，也或许人类本来就不是为了满足填饱肚子的本能，而是为了体验那种淋漓尽致的烧灼感和身体快感这样的精神需求；但是最后的结果也对辣椒不错，它借助人类歪打正着地"统治"了这个世界。

　　辣椒依然在生活里陪伴着我们，嗜辣成为每一个被它"催眠"后的患者所罹患的"后遗症"。我也是这个症候群的一员，每次吃饭的时候最喜欢用母亲做的辣酱来调动口水。这种辣酱做起来很简单：中等辣度的红辣椒必不可少，新鲜的大蒜可以弥补辣椒所没有的挥发刺激，姜则添加了新鲜辣椒所缺乏的醇厚香味，而发酵的黄豆酱带来了鲜味的氨基酸和蛋白质，加上适量的盐和点睛的糖，细细地绞碎，封在瓶子里发酵几日，直到汁液有些溢出，辣酱就可以上桌了。辣酱微酸的味道保存了辣椒富含的维生素C，而各种配料相互作用后的风味，也许就是母亲对生活滋味哲学的完美表达。

茄与番茄

　　已经很多年没有看到有人晒茄子干了。北方大暑天，已经不像小暑时节那么多的雷雨，这时也正是各种蔬菜大量上市的时候，为了赶上暑天热力十足的太阳，家里的人会悉数出动制作干菜，为的是在漫长的冬天里，饭桌上能多添一盘可口的美味。一家人有说有笑，把圆滚滚的茄子切成半公分厚的片，晾在高粱秆编制的箅子上，不一会儿房顶和屋前的空地上就会摆满金黄色的箅子，那白绿如玉一样的茄子片就交给太阳了。北方晒茄子，因为气候干燥的原因，不会给茄子裹面粉，晒干的茄子已经开始有些发黑，大人们会一摞一摞地拿棉线穿好，挂在阴凉通风的地方防止受潮。等到过年的时候，家里炖肉，把洗干净泡软的茄子干煮进去，它会慢慢地吸取肉汤里的油分，饱胀起来，让人垂涎欲滴。

　　圆圆结实的茄子，在我的记忆里它的吃法很多，晒干炖肉自不用说，可烤，可蒸，也可用猪油煎了之后放葱蒜炖着吃。生茄子虽然是脆生生的，做熟了的茄子却如同酥油一般软软的，入口即化，这也难怪上海人叫茄子是"酪酥"。茄子原产印度，大约在南北朝或更早的时候传入中国，北魏贾思勰的《齐民要术》里就有关于茄子选种栽培的详细记载。茄子的"茄"字很有意思，东汉许慎的《说文解字》里记载："茄：芙蕖茎，从艸加声。"于是茄字最早的读音为"加"，指的是荷花的花梗和叶柄，这个解释和茄子八竿子打不着边，不过它倒是说明了许慎根本没有见过茄子。茄子应该是晚一些才来到中国，它不是张骞带来的，而是跟着佛教东传而来，它最初的名字是叫"伽"，音"qié"，源自梵文"vatinganah"一词。在古代，"伽"、"茄"两字互通，而茄子从草本，冠以"茄"字就更加合适了，于是"伽子"变成了茄子。茄子叫"落苏"这个名字就晚一点了，李时珍猜测这个名字源自它酥烂的口感，《本草纲目》有记载："茄，一名落苏，名义未详；按《五代贻子录》作酪酥，盖以其味如酪酥也，于义似通。"

提到落苏自然会想到一个和茄子有关的传统节日，这就是江南的"落苏节"。每年农历七月三十是佛教地藏菩萨的诞辰，民间叫作"落苏节"。家家户户在掌灯之时，家里的长辈会在院子的四角点棒香，或是在屋檐下把周身插满香的茄子一字排开用以祈福。然而过节最欢乐的肯定是孩子们，他们把茄子挖空，点上蜡烛用以做灯，起个名字叫"落苏灯"。孩子们提着这样乖巧的灯儿，走邻串里地嬉笑打闹，才是这个节日里最热闹的。茄子怎么和地藏菩萨挂上钩估计已经无从考证了，或许只是取"落苏"的谐音"落得舒适安逸"的意思，求地藏菩萨保佑全家平安罢了。我曾经问过一位浙江朋友关于"落苏节"的事情，他只是摇摇头说没有听说过，于是叹息一下这个已经渐渐消失的风俗。

曾经帝国横跨欧亚大陆的土耳其人，在13世纪的时候把茄子带到了欧洲，地中海沿岸是欧洲最早种植茄子的地方，意大利人很喜欢这种光溜溜且油光可鉴的果实，只是他们不太愿意拿来当食物，而是当作装饰种在园子里。欧洲人对待外来食物一向都很谨慎，当然也有宗教原因，毕竟茄子等蔬菜并没有被写进《圣经》里。茄子属于茄科植物，茄科植物在欧洲的名声一向都不好，使人致命的颠茄、催情迷乱的曼陀罗，还有帮助女巫们骑扫把满天飞的天仙子[1]，都让欧洲人对茄科植物敬而远之，不但茄子没能顺利走上餐桌，同属茄属的番茄和马铃薯在欧洲的经历也是曲折而又啼笑皆非。最后还是意大利人和希腊人最先接受了茄子，他们小心翼翼地把自认为会使人精神错乱的皮削掉，用油煎透，然后享用这种如"酪酥"一般的柔软美食。

野生茄子果实成熟的时候大多是黄色或紫色的，现在印度和东南亚依然还能找到野生的茄子。现在栽培的茄子多为紫色。"紫色树，开紫花， 开过紫花结紫瓜，紫瓜里面装芝麻。"这样的谜语不知道还能不能难住现在的孩子，毕竟见过菜园子里茄子的孩子越来越少了。小时候家属院的墙外就有近郊农村的菜地，下午放学之后

【1】 在古代的欧洲，人们都认为天仙子的根具有巫魔之力，认为女巫们把天仙子抹在大腿上就可以骑着扫把飞上天空。

孩子们便坐在墙头上伺机偷萝卜吃，茄子地是没有人去光顾的，生茄子有小毒不能吃，最重要的是茄子苗上有刺。除去紫色的茄子，茄子的颜色还有白色、绿色和花色条纹的种类。其中白色的茄子，颜色和肉质都很招人喜爱，宋朝黄庭坚第一次吃到白茄子的时候感言道："君家水茄白银色，殊胜坝里紫膨亨。"白色的茄子传到欧洲之后，似乎也深得人们喜爱，于是给它取了很形象的名字"egg plant"。茄子的颜色不同，样子也多种：光溜溜的圆茄子是最早的种类，只是它肉厚皮也厚；到了元代，薄皮长茄子被中国人培育出来了，这种茄子肉质细腻，而且可以生吃，东传到日本，深受人们的喜爱。

茄子本是热带多年生植物，经过上千年的驯化，它已经是从热带到温带都有分布的一年生草本。茄子虽然怕冷，但也算好吃好种。北方等春分前后，天气乍冷还暖的时候搭温床或阳棚来育苗，等到谷雨过后，便可以犁地移栽。移栽后的茄子生长很快，七月底的时候茄子就能上市卖钱了。茄子能不停地开花结果，可以一直吃到霜降。秋霜一过，爱温暖的茄子只能无力回天地枯萎，于是便有那句"霜打的茄子"被拿来形容人萎靡不振的样子。

吃茄子最大的麻烦就是烹制茄子的时候，茄子会吸饱一肚子的油。这是因为茄子肉质细胞中饱含大量的气体，在煎茄子的时候细胞壁遇热发生破裂，细胞中的气体会迅速散发，那些剩余的空隙只能用油来填充。做茄子少吃油是一个主妇最想知道的技巧，其实做到这点也不难，我们可以用盐抓匀切好的茄子来杀水，盐分可以使细胞里的水分析出，然后通过用手挤压来挤出细胞中的气体，最后再放到水中浸泡从而防止气体再回到茄子中。接下来的步骤就交给巧厨娘了，油焖茄子什么的是最有爱的菜肴。茄子好吃不假，但是要注意茄子的老嫩。嫩茄子可比酥油，而老茄子就是一肚子"芝麻"了，挑茄子有点学问，长在茄子头顶的"茄子盖"下妙藏玄机。"茄子盖"就是茄子的萼片，翻开萼片看，如果茄子皮上的绿环宽而且鲜绿，那就是嫩茄子，若绿环窄且发白那就免下君手了。

过去的家庭主妇们做事都必须未雨绸缪，这关乎着一家人的吃食。大暑里一家子妯娌们晒的干菜收筐之后，还有新的家务要忙。蒸西红柿酱便是一年中的一件大事。立秋后茄子肉质已经开始发干发木，而红彤彤个头饱满、裹挟着酸甜汁水的西红柿已经出现在菜摊上了，正可谓是"本茄"已老"番茄"上位。

番茄，比茄子多了一个番字，我们就知道它是打西洋来的。番茄也写作"蕃茄"，它和"番椒"、"番薯"一样是明朝末年由葡萄牙人带来的。中国人的接受能力还算可以，很喜欢这种玲珑可爱的果子，于是把它当作赏玩的花草种在园子里，根本就没有想它能吃。这种情况在刚刚接纳它的欧洲也是一样。据人们推测，是西班牙征服者赫尔南·科尔特斯（Hernan Cortez）于16世纪20年代将其带到了西班牙。初来乍到的番茄并没有得到人们过多的赞赏，只是作为珍奇的新大陆植物种在花园里。后来过了一段时间，西班牙人才从印第安人那里知道它能吃，于是才敢把番茄放进嘴里。

番茄的故乡，是在南美洲的安第斯山脉附近的热带雨林里。最早种植番茄的应该是阿兹特克人，野生的番茄个头很小，成串地长在半攀附的番茄藤上。后来番茄渐渐传到中美洲，墨西哥的玛雅人和秘鲁的印加人都种植和食用过它。番茄再次被带进欧洲是16世纪的晚些时候，英国有位名叫俄罗达拉的公爵在南美洲探险，发现了这种神奇又可爱的红果实，于是他将番茄带回英国，并当作爱情的礼物献给了他的情人，从此，番茄得到一个"love apple"的美名。在那时候的欧洲，人们对新食物的接受总有那么一点抵触情绪。和茄子一样，番茄也是茄科茄属的植物，加上它的枝叶在触碰下会发出难闻的臭味，全身布满的黏软毛会让人想起女巫胯下的天仙子，因此番茄给欧洲人的印象并不算好，更别提会把它吃下肚子。

只是好奇的意大利人看着他们西班牙邻居在偷偷品尝这种果实心里很不舒服，于是他们把这红果子丢给猪吃，猪吃过无恙，意大利人才胆战心惊地品尝番茄。最后，南欧人也渐渐接受了这种被他们称为"金苹果"的果实，而北欧和西欧却依然严厉地拒绝它。北欧人认为番茄和颠茄一样，是威胁贞洁的植物，它被当作克娄巴特拉的诱饵而遭到拒绝。德国人的想象力更为丰富，他们甚至认为吃掉番茄会变成狼人，还给它起了个可怕的名字"狼桃"。虽然意大利在1692年就把番茄写进食谱，而英国及北欧到18世纪中叶才勉强接受番茄的美味。与中美洲相连的北美，如果不是第三任总统杰斐逊大肆推广，估计汉堡里不会出现硕大的番茄片。在偏见与误解中，番茄一步一步走到了今天，变成了风靡世界的"天堂之果"（德国人抛弃"狼桃"之后，番茄的新名字）。

中国人接受番茄的美味，没有像欧洲人这么复杂，但是真正吃番茄的时间也是到了清朝光绪年间了。因为这个时候，适合食用的番茄品种才被带到中国。美味的番茄很快博得了中国人的喜爱，尤其在北方，因为气候干燥清爽，日照时间长，番茄的优良品质得到了充分的发挥。记得儿时老家的西红柿，要等到完全成熟才会摘下，薄薄的皮下，透过太阳都能看到流动的酸甜汁液；放在井水里冰过之后，张大嘴巴一口咬下去，顾不上吮吸从嘴角流出来的饱满番茄汁，清爽沁人的味道已经充满整个口腔，低头看看咬过的地方，熟透的像沙瓤的西瓜一样的颗粒果肉，闪着亮晶晶的光。

中国人爱番茄，番茄的全国总产量在2008年已经达到三千三百多万吨，超越美国成为第一大生产国。然而全世界的番茄中有很大一部分都是制作成番茄酱来消费，关于这种用来搭配薯条和汉堡的番茄酱还有一个小故事。这个故事起初发生在17世纪的中国，来自英国的船员在广州享用了一种名字叫作"鲑汁"或"醢汁"的蘸料——一种使用鱼和调味料发酵之后配制成的海鲜汁。英国人非常喜欢这种鲜美的味道，便回国模仿制作，并按照粤语发音叫作"Ketchup"。之后人们将有咸味和多种香料调制的浓稠酱汁都叫作"Ketchup"。1876年美国人亨利·海因兹对欧洲传统"Ketchup"酱汁的配方做了改动，加入了酸甜的番茄酱，并把它推向了市场。于是"亨氏"番茄沙司成为世界上最畅销的佐料酱汁。

看着冰箱里新买的番茄沙司，我又回忆起小时候家里的蒸西红柿酱，它是家里过冬的必备。儿时的冬天，没有多少新鲜蔬菜吃，中午放学回家父亲会用储藏的西红柿酱，在锅里爆香葱蒜，和着黄灿灿的鸡蛋做成红红的鸡蛋打卤。在寒冷的冬天，就着油辣子吃一碗热腾腾的西红柿鸡蛋打卤面是多么惬意的事情。然而现在冬天已经没有人再做这些，毕竟超市里冬天也能买到新鲜的西红柿。

叹息之余，脑海里又翻腾出立秋家里做西红柿酱的场景：把买来的新鲜西红柿用滚水烫了之后，剥好皮，用手把西红柿捏碎，然后装到用热水洗净烫过的细口玻璃瓶里。玻璃瓶最好是葡萄糖注射液瓶，不但口小还有皮塞子，这些都是家里人托人从医院找来的。取出家里蒸馒头用的大锅，将装好西红柿的瓶子隔水蒸，皮塞子先不塞，泡在一旁的热水里。等瓶子里的西红柿酱变成暗红之后，打开锅盖塞上皮塞子，然后在皮塞子上戳上粗孔的针头，放出瓶子里的热空气。等到瓶子里的气不再冒出来的时候，把锅从火上端开，拔去针头，用胶布封好皮塞子上的孔。等到西红柿酱的瓶子在桌上慢慢冷却了，西红柿酱就做好了。母亲会把密封好的酱瓶子码在立柜的顶上，及时处理掉漏气发霉的。蒸好的西红柿酱可以一直从冬天吃到来年，而她准备这些，要很多天忙到半夜。

·

我们的马车刚停下，一大群皮包骨头的穷人向马车涌来，乞求施舍。其中一个女人怀抱着一个死去的孩子，声泪俱下地恳求旅行者给一点钱，让她能安葬自己亲爱的宝贝。

——爱尔兰学者埃里休·伯里特（Elihu Burritt）《对斯基柏林的三天访问》

1845年，爱尔兰，谁也没有想到，那些亲手种下的、生机盎然的马铃薯会在近乎一夜之间，感染上了一种"绝症"。原本绿色健壮的马铃薯叶片上开始长出黑色的斑块，随后枯萎的坏疽会沿着茎秆延伸到土壤里的块茎上，被"沾污"的块茎很快发黑腐烂，最后化作恶臭的烂泥。这种"绝症"就是马铃薯"晚疫病"，人们之前从没有见过这种瘟疫，他们只能目瞪口呆地看着自己辛劳的果实就这样烂下去。那年，爱尔兰的马铃薯减产了百分之四十。

随后的1846年，一位名叫马修的神父，目睹了马铃薯"晚疫病"再次席卷爱尔兰。"那些遭遇不幸的人们，靠在院子的栅栏上，无奈地扭绞着他们的手臂，在痛苦地悲号着这场将会使他们无物可食的毁灭。"他无不悲伤地把这样的情景写在自己的信里。正如这位神父所言，那些以马铃薯为口粮的贫民们，不但眼睁睁地看着自己的庄稼枯萎，也看着自己挚爱的亲人因饥饿而离去。到了1848年，大批饥饿的人放弃他们腐烂的家园到处游荡，他们甚至明白自己时日不多，就像伯里特目睹的那位悲痛欲绝的母亲一样，她所能做的不是为自己挣得食物，而只是不让自己的至亲暴尸荒野。

这就是爱尔兰大饥荒，自鼠疫"黑死病"之后欧洲遭受的最严重的灾害。直到1851年灾难宣告终结的时候，爱尔兰八百万人口中的八分之一死于饥荒，近二百万人离开了自己的祖国。这个曾经被马铃薯拯救的国家，却在这场马铃薯的灾难里变成了一个人间地狱：尸横遍野，疫病肆虐，同类相食。

1588年，距离大饥荒近三百年前的爱尔兰，马铃薯拯救了这个国度的人民。很多人认为马铃薯是一艘西班牙帆船在爱尔兰附近海域发生海难之后，海浪把这种陌生的植物冲到爱尔兰的海滩上。也有很多爱尔兰人认为它是英国的第一位环球航海家德雷克爵士在环绕地球航行后带回来的。这种在欧洲其他地方曾被严厉排斥的块茎，却在登陆这片土地之后生根发芽。1541年，英王正式成为爱尔兰的国王。在英国的统治下，英国上层人物和地主们把岛上为数不多适于耕种的土地从农民手中抢走，只剩下那些湿冷又贫瘠的土地里出产的一丁点粮食支撑着饥饿的人们。或许马铃薯与爱尔兰人就是拥有宿命一般的关系，突然而至的马铃薯在这片湿冷的土地上竟然如鱼得水地生长，原本每英亩亩产仅有不到一吨燕麦的土地却可以长出六倍还多的马铃薯。人们发现种植马铃薯也非常简单，只需要把这些块茎一行行地摆开，然后盖上泥土便可以完成播种，等到秋天地上的茎叶枯萎，一只马铃薯就会在土里像变戏法一般地长出一小堆来，马铃薯不但产量高，它的营养也很丰富，除去富含的淀粉之外，它所含的维生素C、维生素B以及蛋白质都可以满足人体的需要。于是饥饿的爱尔兰人深情地拥抱了马铃薯，他们通过仅有的几英亩贫瘠的土地，便可养活一大家子人和为他们提供牛奶的奶牛。然而和带来马铃薯的爵士或者是海浪相比，在爱尔兰人心里，他们或许更感激的是万能的上帝，正是他让马铃薯这种曾经远隔万里的植物在此时此地拯救了人们。

当信奉天主教的爱尔兰人正在感谢上帝带给他们马铃薯的同时，在南美洲的安第斯山脉，那些失去祖先家园的印加人正在为他们栽培了近八千年的马铃薯进行祭祀，以祈求神来保佑丰收。

1537年，安第斯山，西班牙军队占领了一个印加人的村庄，欧洲人第一次在这个居民仓皇逃离的村庄里看到了马铃薯。这种被西班牙人错当作"松露"的块茎，是印加人视为"丰收之神"的重要食物。在印加人的传说里，他们的祖先曾经是生活在富饶平原的部落，因与其他部落交战失败而遭到驱逐。战胜的平原部落对他们穷追猛打，破坏他们的作物，掠夺他们的粮食，并把他们驱赶到寒冷的安第斯山麓。山地高原的环境，让那些原本生长在平原上的粮食无法正常生长，可惜最糟糕的并不是这些，那些驱赶他们的部落还时不时地回来破坏他们的农田，甚至掳走了那些最后寄予希望的种子。先人们绝望至极，正当他们要放弃的时候，伟大的天神现身了，他掏出一袋神奇的种子留给先人们。人们将这救命的种子种下，天神的种子不但发了芽，生长也异常茁壮，并且很快开出了漂亮又芳香的花朵。然而好景不长，那些作恶的部落得知了这里长出了茂盛的作物之后便赶来破坏，他们疯狂地用武器砍断丰满的叶片，用脚踩踏健壮的茎秆，顷刻间天神赠予的食物化为狼藉。强盗们悻悻地离开之后，那些无食果腹、神情绝望的人们只得再次求助于天神。这次天神再没有赐给他们种子，只是告诉人们土地里就有食物。按照天神的示意，先人们疑惑地挖开曾经栽种过种子的土地，一个个如同果实一样的块茎就埋藏在土里，这就是马铃薯，天神知道那些强盗会来破坏而把那些可以吃的部分藏在了地下。从此，印加人把这种救命的植物当作养育自己的"生长之母"（Mama Jatha），他们视马铃薯为生命的一切，将马铃薯当作生活的标准：印加人用马铃薯的产量来丈量土地，用马铃薯烹饪的长短来记录时间。每年在种植和收获马铃薯的时候，印加人都会祭祀马铃薯神，祈求风调雨顺，祈求国泰民安。

印加人如此虔诚地侍奉马铃薯神，但是神也未料到，从"旧世界"来的西班牙人，凭借"新文明"迅速地在"新大陆"毁灭了这个被视为"旧文明"的印加帝国。西班牙人为了黄金背信弃义地勒死了印加王国的国王，又用马蹄和枪炮把印加人驱赶到更深的山里。西班牙人的殖民，使得印加文明遭到毁灭，如今它只留下了安第斯山深处的马丘比丘和至今仍在山间耕种的印第安子民。"安第斯"在印第安人的语言里的意思是"通往天空的梯田"。山地很少被人开垦为耕地，安第斯山却是一个例外，生活在这里的印第安人，通过千百年驯化出适宜在山地生长的作物，从而把人类的田地修上了高耸的山巅。

公元前8000年或者更早，的的喀喀湖，一支来自亚马逊盆地的印第安人迁徙到了这里。在这个海拔3800米的高山大湖周围，人们遇到了生长在这里的野生马铃薯。高原生长的野生马铃薯是一种很普通的植物，矮小茂密的身躯是为了适应高原的寒冷，每年初夏气候温暖的时候，在它层层叠叠的暗绿色叶片上，会探出成串的淡紫色芳香花朵。马铃薯名字的由来则是因为它的果实，这种类似番茄的紫黑色浆果，大小和圆度都很像马胸前挂着的铃铛。与番茄一样，马铃薯也是茄科的有毒植物，成熟的番茄可以当作美味，但马铃薯的果实却会让人上吐下泄。马铃薯和番茄的叶子上还长有黏黏的柔毛，利用这些黏毛，它们可以"捉"小昆虫来为自己"肥田"。高原气候寒冷多变，野生马铃薯不能完全依靠种子来繁衍后代。在漫长的进化中，它利用自己肥大的地下茎来作为来年发芽的"种子"。这些存贮着来年发芽所需营养物质的块茎，吸引了印第安人的胃口，人们开始驯化这种在高原上不可多得的食物。公元前500年左右，生活在的的喀喀湖附近的蒂瓦纳库文化发明了梯田技术，印第安人的梯田里不但长着玉米还长着马铃薯。这种技术配合适应高寒的马铃薯，很快就让印第安人的梯田修上了安第斯山，于是在这高大而又雄伟的"通往天空的梯田"上，那些位于雪线附近，海拔四千多米的地方都能看到马铃薯的身影。

种植马铃薯的印第安人，深知安第斯山上变幻莫测的气候，也深知马铃薯这种植物的习性。在南美洲的安第斯山脉，靠近赤道的地理纬度和高海拔的原因，造就了这里极为苛刻的自然环境。山里昼夜温差大，一天之内的温差可以达到三十几度；这里小气候很复杂，同一个山坡，因为光照的强弱而在几步之遥就会发生气候变化；山地地形复杂，雨水分布也不均匀，甚至在同一块土地上也有旱涝之分。马铃薯是一种聪明的植物，它利用地下的块茎进行无性繁殖，来保存基因的一致；又通过高山环境中种子的变异，来产生适应环境的丰富变化。于是马铃薯在这样多变的气候中自我进化出适应各种环境的品种，有的喜欢干旱，有的忍耐潮湿，还有的可以抵御突如其来的霜冻。马铃薯的这种特性，也被印第安人加以利用，他们在山地的同一地块里，播种不同品种的马铃薯，用马铃薯的多样性来抵御这里多变的气候，就算某一年气候突然变差了，那些丰富的马铃薯种类也能保证印第安人的土地里不会绝收。如此往复，在西班牙人发现这种神奇的作物的时候，已经有数千种不同品种的马铃薯生长在安第斯山的梯田里。马铃薯的变异性虽然能很好地适应环境，但这个特点也带来一个缺陷，就是大多数单独品种的马铃薯在离开它适宜的环境之后，会发生块茎退化。如果不用种子繁殖的话，它的块茎会越种越变小，最后这种马铃薯会在土地中消失得无影无踪。

正是这个原因，那些生活在"旧大陆"的西班牙人，只能从安第斯山带走很少的马铃薯品种。

西班牙人让欧洲第一次认识了美洲，也让欧洲第一次认识了马铃薯，他们也是欧洲第一个吃马铃薯的民族。西班牙人从印第安人那里知道马铃薯可以食用，但他们觉得马铃薯是"野蛮人"才会吃的食物。马铃薯也有类似天仙子一样的绒毛，这让那些生活在欧洲本土的西班牙人对它敬而远之。作为航海大国的西班牙，航海是其用来联系海外殖民地的途径，长期的航海最困难的是保存新鲜的蔬菜，这个缺点让很多船员因为缺乏维生素C而罹患坏血症，这种病症曾经让很多船员痛苦不堪，甚至命丧黄泉。当时的人们还并不清楚坏血症与新鲜蔬果的关系，但是西班牙人发现马铃薯对坏血症有预防效果，在海上长途旅行中，耐储存的马铃薯是西班牙人航船中重要的船客。尽管如此，马铃薯并没有得到西班牙人的重视，在欧洲本土依然没有多少人吃这种奇怪的东西。

在西班牙人"偷偷"吃马铃薯的时候，热衷"偷窥"西班牙人厨房的意大利人发现他的邻居又在偷吃什么，当他们得知西班牙人在吃一种生长在地下的植物的时候，他们觉得西班牙人是疯子。在意大利人看来，这种来自于恶魔黄泉的东西是绝对不能放到嘴里的，更何况这种矮小的植物在生长的时候还散发着奇怪的味道。英国人比意大利人大方一些，1568年，德雷克爵士把他从西班牙人手里抢来的马铃薯献给了伊丽莎白一世。英国人对这种来自"新世界"的食物很好奇，可惜女王的厨子并不知道马铃薯如何吃，他丢掉了那些脏兮兮的块茎，而为众人烹调了它的茎秆和叶子，于是结果已经不用揭晓，女王怎么会让这种令她痛苦的植物登陆她的王国。正是马铃薯的毒性，以及茄科的身份，让其他大陆国家对它嗤之以鼻，他们像对待番茄那样，空口无凭地为它加戴了各种邪恶的名号，人们把它当作"恶魔之果"；法国人认为吃了马铃薯会得麻风病，原因竟然是那土黄色的块茎长得像得病的脏器；欧洲北部的人们更没有见过马铃薯，道听途说的人们恐惧地对待这种植物，认为它是汲取阴曹地府营养的坏东西。

然而，这种让欧洲人恐惧的"坏东西"，却一次又一次地救人们于危难。

1574年，荷兰。荷兰独立起义军被西班牙军队围困在莱顿城里。这是荷兰起义的八十年战争中非常重要的一场战役。守城的起义军和市民们奋力死守了三个多月，城内的粮食已经被吃得所剩无几。正当大家快要坚持不住的时候，天公作美，一场大雨之后的潮水帮助起义军冲破了海堤，援军的船队借势顺利到达了莱顿城。援军的到达让莱顿士气鼓舞，一举击溃了围城的西班牙军队。西班牙人撤离之后，城里饥饿的市民们纷纷出城寻找食物，他们发现了西班牙人逃走时留下的马铃薯、洋葱和胡萝卜。人们顾不上那些关于马铃薯的诅咒，把它和其他找到的食物一起煮来填饱肚子。1581年荷兰独立，为了纪念这场对荷兰独立有着重要意义的战役，马铃薯和洋葱、胡萝卜这三种蔬菜被定为"国菜"。荷兰人接受马铃薯之后，种植马铃薯也只是为了预防灾年的不备，但是在1740年的超级寒冬中，在其他农作物大量减产的情况下，马铃薯凭借优秀的耐寒性让荷兰人刮目相看，大家纷纷种植马铃薯，很快它便成为荷兰人餐桌上的主要食物。

与荷兰相邻的德国人（当时还是普鲁士）也看到了马铃薯的优势。18世纪中期，当时的德国境内还是一片混乱，普鲁士与奥地利之间的矛盾导致这里战争频发。普鲁士国王腓特烈二世因为战备的需要，积极推广马铃薯的种植。一开始人们还颇为抵触，而后来人们发现了它的优点：战争爆发的时候，这些躲在土壤里的食物不会因为踩踏而绝产；天灾发生的时候，谷物大批歉收，而马铃薯却可以保持丰产。关于马铃薯在德国，还有一个很有意思的故事，那就是被历史上称为"马铃薯战争"的巴伐利亚继承战。当时普鲁士与奥地利为了争夺巴伐利亚的立储权，两国在波西米亚相互对峙。战争的时间正值马铃薯的收获期，两军白天看似严阵以待地对峙，而到了夜晚，却忙着到各自的势力范围内收获马铃薯，直到土地里再也挖不出可吃的时候，这场战争也不了了之了。曾经"恶毒"的马铃薯越来越受到德国人的喜爱，以至于如今，马铃薯已然成为德国的最具特色的农产品之一了。

德国人尝到马铃薯的甜头的时候，法国人也坐不住了，法国国王路易十六在一位药剂师的说服下开始推广马铃薯。在法奥俄同盟与英普同盟之间的七年战争中，一位名叫巴曼奇（Parmentier）的法国药剂师被普鲁士军队俘虏，在他当俘虏的日子里，他吃够了马铃薯。当他被释放回国的时候，看到很多法国人还因为战乱而徘徊在饥饿边缘，于是向国王提出了在法国推广马铃薯的想法。国王怎么会随便相信他的话？巴曼奇为了证明马铃薯的高产，向国王要了一块贫瘠的土地，并在上面种满了马铃薯。结果就在这块"废地"

上，长出了堆得像小山一样的马铃薯。国王立即采纳了他的建议，下令开始推广马铃薯。然而马铃薯的诅咒在法国根深蒂固，种植马铃薯的推广一时间很难进行下去，为了让这种植物能在人们的心里得到认同，国王也开始在自己的花园里种起马铃薯。国王的行动使得马铃薯在上流社会开始流行，玛丽皇后还把马铃薯的花朵当作装饰戴在头上，以彰显马铃薯的高贵。老百姓好奇这种受到王室爱戴的植物，于是觊觎那些种在王室园子里的马铃薯。人们趁着花园守卫的疏忽，从国王的田里偷来回家自己栽种，就这样，马铃薯很快在法国开始传播开来。

与法国人的灵巧相比，俄国人就显得有些粗枝大叶。英法的七年战争结束后，俄国连续好几年都发生了灾荒，农民们经常挨饿，地处北寒的俄国从德国那里得知了马铃薯的抗灾优势，霸气的叶卡捷琳娜二世于1765年发布了俄罗斯种植马铃薯的命令。命令一下，农民误以为国家要全面推广农奴制度，不满政府的人们开始抵制这种被他们认为是恶毒的食物。沙皇强硬的态度，最终让这场抵制运动发展成一场"马铃薯"暴乱。可惜现实才是最有力的说服者，北冰洋的寒潮摧毁了暴乱者的农田，而那些种着马铃薯的田地却丝毫未损。

俄国对马铃薯的"妥协"代表了欧洲大陆对马铃薯的认同，因为他们明白，是这种其貌不扬的土色块茎在最危难的时候填饱了他们嗷嗷待哺的肚子。

1794年，英格兰。英伦诸岛的小麦在这一年歉收了，人们开始不得不注意到风靡整个欧洲的马铃薯。小麦的减产使得以小麦为原料的面包价格上涨，穷人们开始发生骚乱，因为他们维系生活的食物逼着他们走上了街头。在一海之隔的爱尔兰，在马铃薯的养育下，爱尔兰的人口由最初的不到三百万猛增到了八百万。英国穷人们渴望从爱尔兰引进马铃薯来填饱他们饥饿的肚子，可是这个愿望却难以实现。在英国，有限的土地经过圈地运动之后，能让穷人们支配的土地少得可怜，大批失去土地的穷人只得进城给资本家做工，18世纪后期正处于工业革命的伟大变革时期，越来越多失去土地的穷人手里没有了自给自足的资本，他们会因为工资微薄买不起昂贵的食物而怨声载道。穷人的骚乱引起了社会学者们的注意，大家纷纷发表自己的态度。支持马铃薯引进者认为，引进马铃薯可以稳定物价，当小麦价格昂贵的时候马铃薯可以填补空缺，这样可以保证工资不用上涨；同时马铃薯还可以成为穷人另一个选择食物的方向，这样可以减少对小麦的依赖从而稳定社会局势。反方则有他们的观点：廉价的马铃薯是一种单纯而又原始的食物，烹饪方法简单使得它并没有高附加值，那么参与到其中的人力就会减少；马铃薯种植简单且产量高，卑微的马铃薯会让人们对它产生依赖，从而变得不愿工作而懒惰起来。还有学者认为，马铃薯的廉价，使得人们对高附加值经济的依赖减小，人们又会回归到传统的小农经济的自给自足中，从而造成历史和经济的倒退，而且鲜活的马铃薯不像种子粮食那样可以多年贮藏，最多只能存储一年的马铃薯只能满足当下的需求，而无法变成一种流动在社会中的商品。那样的话，人们会对它产生强大的依赖，依赖土地中生长的马铃薯，人们不需要钱，只要有马铃薯就够。

于是英国是欧洲最后一个对马铃薯怀有偏见的国家，它鄙视马铃薯，同样鄙视以马铃薯为生的爱尔兰。

1845年，美国，一艘满载马铃薯的船起航驶向欧洲的比利时。这艘货船上的马铃薯并不是用来吃的，而是用来播种的。自从西班牙人在1565年第一次把马铃薯带回到欧洲开始，整个欧洲的马铃薯的品种仅仅局限于西班牙人带回的几个种类，其他种类的马铃薯因其退化的特点，没有办法在欧洲长期栽培。然而适应欧洲气候的几个马铃薯品种，因为上百年的无性繁殖使得它们的基因基本没有发生变化，无性繁殖的弊病越来越明显，卷叶病和干腐病已经开始困扰马铃薯的种植者了。在当时的欧洲，马铃薯的天敌并不多见，人们对病毒和真菌等微生物引起的病害还没有认识，无性繁殖的马铃薯很容易受到微生物的侵害，很多病毒甚至可以潜伏在做种的块茎里，于是一旦感染发病便会大片枯萎，好在卷叶病和干腐病并没有造成太大的灾害。为了解决这些问题的困扰，人们不远万里从美国进口新的种类，借以改良本地品种。就在人们期待这批马铃薯能解决干腐病的困扰的同时，他们完全没有想到，另一个马铃薯幽灵潜伏在其中。

1845年夏天，比利时的马铃薯田里发生了瘟疫，一种前所未见的疾病在很短的时间里感染整块田地的马铃薯，它们开始变黑腐烂——"晚疫病"第一次出现在欧洲。很快德国的马铃薯也开始烂了，这种疯狂的马铃薯"黑死病"快速感染德国以东一直到俄国的广大地区。在比利时西边的爱尔兰也未能逃脱厄运，在就要收获的日子里，爱尔兰的马铃薯几乎全军覆没，于是开篇的那一幕开始在爱尔兰上演，人们目瞪口呆地看着瘟疫吞噬着自己依赖的食粮。在随后的1846年，人们因为对这种病的无知，导致他们依然在有"晚疫病"孢子的土地上种植马铃薯，"晚疫病"再次席卷整个欧洲，这次大规模的疫病不但让爱尔兰人家破人亡，还让"卢姆博"这个马铃薯品种从欧洲彻底绝迹，人们赖以信任的马铃薯给人类造成了巨大的创伤。

这次马铃薯带来的灾难，第一次让人类开始思考植物的多样性。在马铃薯多样性极其丰富的安第斯山区，任何疫病都不会大规模爆发，因为印第安人种植的马铃薯种类很丰富，不同的种类抵抗微生物和病毒的能力也不尽相同，它们很难在不同的品种间传播。在这场灾难过后，人们意识到了安第斯山对马铃薯的重要性，那个曾经遭到打击和摒弃的"旧文明"里依然保留着解决这场灾难的钥匙。就在安第斯山的梯田里，一种名叫"智利深红"的马铃薯品种被人找到，在这种马铃薯的"血液"里流淌着抵御"晚疫病"的良方。

马铃薯曾经拯救了爱尔兰，拯救了欧洲，它使得战乱和灾害中的欧洲人得以生存；但它也毁灭了爱尔兰，也重创了欧洲。虽然很多国家在疫病发生以后便改种了其他作物，来自东亚的参薯、薯蓣，来自美洲的番薯和菊芋都充当过马铃薯的替代品；但是马铃薯带来的创伤让欧洲在很长一段时间里才得以恢复。在这场灾难里，英国人受到的影响是最轻微的，很多英国人更加傲慢地认为马铃薯是对文明世界的威胁，他们总是拿爱尔兰作为例子，试图用马铃薯来搪塞他们对爱尔兰的责任，把爱尔兰饥荒的原因归咎于爱尔兰人对马铃薯的依赖。然而这种依赖源自于英国人对爱尔兰人土地的剥削，那些丧失土地的农民不得不依靠马铃薯来过活，这个捆绑的过程更加剧了灾难风险。瘟疫发生后，因为宗教与种族原因，英国人只顾着鄙视爱尔兰人和马铃薯的卑微而延误了救援的时机，那些在爱尔兰的新教地主们更是忙着向英国出口粮食。英国人的救援工作也非常不力，从美国买来的粮食迟迟不到，最后分到灾民手里的粮食也屈指可数。造成爱尔兰大饥荒的原因有很多，每一个原因看上去都是那么单薄，但它们却推着这场灾难让爱尔兰一步一步走向深渊。很多爱尔兰人在这场灾难中不得不背井离乡，而其中相当一部分到达了美国，大量的难民甚至永远地改变了美国的人口组成。于是谁也没有想到，一只远道而来的马铃薯竟然撬动了整个欧洲乃至美洲的历史。

这就是马铃薯的故事，人类和这个其貌不扬的小块茎的故事。故事并不会就此结束，这个神奇块茎依然在我们身边，很多人都对它再熟悉不过。马铃薯记录了我们的过去，它也会在现在和未来成为我们的记忆。我们已经和它捆绑在一起，就从人类第一次在的的喀喀湖边看到它的小紫花开始，我们就在神的指引下和这种植物结缘。

那个傲慢又古板的英国，它最终还是没有逃出宿命，如今在这个曾经鄙夷、歧视、厌恶马铃薯的国家，当问及什么食物是最英国的时候，每个英国人都会瞪大眼睛说："Fish and chips！"（炸鳕鱼和炸马铃薯条！）

辣椒，茄科辣椒属一类对哺乳动物有刺激性"毒性"的植物，它们原产于地球另一端的美洲热带，或是生长在雨林边缘，或是生长在灌丛草原，红色诱人的果实吸引着各种动物，然而趋之若鹜的动物们都明白，这些果实会给它们带来何种感受。绘图：倪云龙

草本辣椒，也叫一年生辣椒。它是原始的野生辣椒经由人类驯化得来的。草本辣椒是栽培辣椒中种植最为广泛的种类。草本辣椒的特点是果实与花朵下垂，这个特点是与果实直立的朝天椒的最明显的区别所在。图片：Köhler, F.E.,
Medizinal Pflanzen，1887

茄子（*Solanum melongena*），茄科茄属的矮小植物，茄子的颜色大多是紫色的。紫茎、紫花、紫果是茄子最基本的特征，茄科植物的花大多冲下开放，这样是方便昆虫为其传粉。茄子的雄蕊聚集在一起，合抱成一个雄蕊柱。当蜜蜂采花粉的时候，蜜蜂会紧抱雄蕊柱并不断震动翅膀来保持平衡，此时翅膀的震动促使雄蕊释放花粉。图片：Blanco, M., *Flora de Filipinas*，1875

茄科茄属的番茄（*Solanum lycopersicum*），多毛而发黏的枝叶会散发出难闻的味道，叶片上的黏毛还会毒死小虫来作为自己的"加餐"。番茄全株是有毒的，果实在青色的时候也有毒素，所以番茄有毒并不是谣传，只有果实成熟变红之后，果肉中的毒素才会分解消失。图片：Jacquin, N.J. von, *Hortusbotanicus vindobonensis*, 1770

马铃薯（*Solanum tuberosum*），茄科茄属的传奇植物。马铃薯的传奇在于它对人类历史有着深远的影响，而它在走进人们生活之前，只是生活在安第斯山的一种有毒植物。马铃薯茎叶果实毒性很强，马铃薯富含的有毒生物碱正是防止动物们将它作为食物，然而马铃薯以为它藏在土下的块茎是动物们找不到的，所以埋藏在土中的块茎缺少这种让人又吐又泄的毒素，而这个"小聪明"成了人们利用它的开端。图片：A. Masclef, *Atlas des plantes de France*, 1891

薯蓣（*Dioscorea opposita*），薯蓣科薯蓣属的藤本植物。薯蓣是雄雌异株，花朵极小。因为传粉不甚容易，薯蓣自己还有其他的繁殖方式，这就是生长在薯蓣藤叶腋的"零余子"。这种长相与块根相似的珠芽，在落入土壤之后便可以生根发芽长成薯蓣小苗。图片：Houtte, L. van, *Flore des serres et des jardin de l'Europe,* 1855

番薯（*Ipomoea batatas*），旋花科番薯属植物。番薯的块根能吃，它的嫩茎叶也可当作蔬菜来食用，于是它是贫困地区不可多得的先锋作物。平日的番薯长相魁梧粗糙，然而夏末秋初日照开始变短的时候，番薯就会开出形如牵牛花的花朵，番薯花藏在叶丛中，只有早起的蜜虫才能睹得到它的芳容。绘图：刘慧

蕹菜 (*Ipomoea aquatic*)，旋花科番薯属。蕹菜因其茎秆中空，所以也叫作空心菜。蕹菜多栽培于中国以及东南亚地区，它的枝条在有水的环境下极易生根，因此东南亚地区栽培蕹菜多使用水培。图片：Blanco, M., *Flora de Filipinas*, 1875

菊芋（*Helianthus tuberosus*），菊科向日葵属植物。原产于北美洲的菊芋是一种适应力很强的植物，它可以生长在很多地方。虽然菊芋在有水的条件下每年都会开出很多像向日葵一样的小花，但大多时候这些花都结不出种子，这是因为菊芋孕育种子还需要长时间较高的温度。不过缺少种子繁殖的菊芋依然可以依靠埋在地里的块茎来扩大它的领地。图片：Addisonia, *Colored Illustrations and Popular Descriptions of Plants*, 1926

菊薯（*Smallanthus sonchifolius*），菊科菊薯属植物。这种原产于南美洲安第斯山地的块根植物，花和叶子看起来都很像菊芋。与适应力很强的菊芋不同，它喜欢既不炎热也不寒冷的地方。菊薯产量很大，于是在云南一些并不肥沃的地方，菊薯是一种不错的经济作物。绘图：刘慧

山药蛋与山药

　　马铃薯来到中国，大约要归功于荷兰人，如今在台湾、福建一带，人们依然有把马铃薯称作荷兰薯的习惯。和欧洲人依赖马铃薯不同，中国人对马铃薯的感情并不很深厚，这也许是因为江南及沿海大多气候温和、物产丰富。康熙三十九年的福建《松溪县志》最早提到了马铃薯，随后马铃薯又从南洋传至广东，北方则是从俄罗斯传到邻近各省。初来乍到的马铃薯，在中国只是被当作调剂的蔬菜，加之马铃薯在低海拔地区很容易发生退化，种的人便稀少了许多，倒是在偏远的西北和山西，马铃薯站住了脚跟。

　　与很多地方相比，山西人对马铃薯最亲切，他们把这种土哄哄的东西叫作"山药蛋"。山西人爱吃马铃薯很大一部分原因是因为山西的气候非常适宜它的生长。地处黄土高原的山西，很多土地都是黄土丘陵，满是沟壑的黄土坡上，干旱到几乎寸草不生，只有耐旱的马铃薯可以生长，目力所及的地块上几乎都是马铃薯的身影。出产于山西的马铃薯品质很好，薯块含水少，淀粉含量很大，削皮之后的薯块有种粉粉又滑溜溜的感觉，若是切成滚刀块下油锅炸出来，会带着淡淡的淀粉焦香，这就是山西人喜欢的"炸山药蛋"，是可以放在炖火锅或是山西烩菜里的经典食材。

　　把马铃薯叫作"山药蛋"是山西以及内蒙古地区的特产，可是事实上当地很多地方的人更喜欢把它简称为"山药"。这个称谓让很多外地人都觉得煞是别扭。包括"山药蛋"这个称谓也是有歧义的。曾经和外地的同学聊过类似的话题，当我说到"山药蛋"的时候，他们会满脸奇怪地问我："山药蛋，不是结在山药藤上的么？"遇到这样的问题，我一时间也不知道从何解释。

　　和山西人讲的"山药"不同，大多数人所说的山药，指的是薯蓣科薯蓣属的薯蓣。这两种植物名字看上去类似，但是它们却是完全不同的两种，"山药蛋"是一丛丛矮矮的长在地上，而薯蓣却是一种长着长藤的攀援植物。

　　薯蓣是中国非常古老的一种食物，汉字中的"薯"指的就是它，马铃薯和番薯只是因为和它长得很像，吃法也类似而沿用了"薯"的名字。薯蓣在中国历史上的名字有很多，东晋郭璞在《山海经》的注释中讲道："（薯蓣）根似羊蹄可食，今江南单呼为薯。"薯蓣也被叫作"儿草"或者是"玉延"，是《本草纲目》引用了宋代《证类本草》的称谓；薯蓣最常见的名字就是"山药"。这个俗名颇有来历，在《本草纲目》中提道："（薯蓣）因唐代宗名预，避讳改为薯药；又因宋英宗讳署，改为山药。"薯蓣是犯了两位皇帝的名讳，从此被迫改叫"山药"，李时珍觉得山药的本名

"薯蓣"的境地十分可怜，甚至害怕人们把它错认为两种东西，于是在文后加了一句："（薯蓣）尽失当日本名。恐岁久以山药为别物，故详著之。"

最早记载薯蓣的是《山海经》。《山海经·北山经》中讲道："又南三百里，曰景山，南望盐贩之泽，北望少泽，其上多草薯藇。"这里的"薯藇"二字就是"薯蓣"，郭璞在这里批注："盐贩之泽"即现在山西省运城的盐池，这个盛产薯蓣的"景山"很可能就是现在山西境内的绵山。如今这个"景山"附近的平遥、介休一带，依然有很多人种植薯蓣作为当地特产，这似乎也能印证一下这个推论。如此讲来，山西既产马铃薯，又产薯蓣，那两种"山药"如何区分？答案很简单，山西人根据薯蓣长长的地下块茎，把它叫作"长山药"。

薯蓣作为食物，其实可以追溯到很早的史前时代，因为富含水分的块茎保存不易而没有发现相应的考古证据，只是在一些早期遗址中发现餐具的底部有一些块根类食物的残留，因此推断古人会把它当作食物。野生薯蓣分布范围很广，在江南及其以北的地区都有分布。比起稻麦等种子粮食，薯蓣这种根茎类食物并不适合长期保存，于是它并没有被人们广泛栽培。只是在战乱和饥荒发生的时候，人们才会去山上挖来充饥。南朝的《陶隐居》有记载："今近道处处有（薯蓣），东山、南江皆多掘取食之以充粮。"

薯蓣不但可以用来吃，还可以用来做中药，尤其是作为滋补的药膳，在《神农本草》中就有薯蓣入药的记载，《唐本草》中也记载了关于薯蓣药用兼食疗的用途："食之大美，且愈疾而补。"

自隋代，薯蓣的药用和食用需求越来越大，人们开始人工种植这种益人的植物，现在产自淮河流域的"淮山"和河南沁阳等地的"怀山"便是薯蓣最具药用价值的两个栽培品种。

薯蓣善"补"，且具有温和的药性，加上它味道甘美，早就是餐桌上的常客了。大家熟知它的味道，却很少见过它在园子里的样子。薯蓣善生山野，因其是爬藤植物，它喜欢生长在山林之中，攀附在其他的植物上获取更多的阳光。薯蓣的藤不粗壮，纤细而善绵延；薯蓣的叶子也很有特点，《本草纲目》描述它"叶有三尖，似白牵牛叶而更光润"；薯蓣的花很细小，初夏时分开放，待到初秋"结荚成簇，荚凡三棱合成，坚而无仁"。薯蓣和其他蔬菜不太相同，它的植株分雌雄，雄株开雄花，不结实；而雌株只开有雌蕊的雌花，靠雄株授粉结实。我们吃的薯蓣是它粗大的地下块茎，长长圆柱形的块茎竖直地深深地长在地下。薯蓣皮薄脆嫩，栽培和收获的时候都颇费人力，尤其是收获的时候，需要相当的技巧才能保证块茎的完整，因为折断的薯蓣很容易发霉变质。

每一种植物都是适应环境的产物，喜欢生长在茂密山林里的薯蓣也有它适应环境的繁殖方法。薯蓣的果实小而轻，草木深厚的山林里，薯蓣的种子很不容易发芽。既然种子不力，薯蓣还有其他办法，那就是利用珠芽来繁殖。珠芽，顾名思义就是像小珠子一样的芽子，这种具有繁殖能力的芽子会长在薯蓣藤的叶腋上，珠芽一旦发芽之后，它不会长成枝条，而是会发育成像小球一样的块茎。每当秋天地上植株枯死的时候，它们就会落入土中，来年便可以生根发芽长出新苗。和单薄的种子相比，珠芽发育的块茎里保存着充足的养分，这样可以在荫蔽的灌木下长出长藤，从而爬上树梢获取光照。可是古人错以为薯蓣的珠芽就是薯蓣的种子，起名叫作"零余子"，而老百姓则唤它为"山药蛋"或"山药豆"；《本草纲目》也有关于零余子的记载："其子别结于一旁，状似雷丸，大小不一，皮色土黄而肉白，煮食甘滑，与其根同。"可见李时珍观察时相当细心，他已经明白"山药蛋"和薯蓣的地下块茎有很多共同之处。

中国及东南亚是薯蓣科薯蓣属的集中分布区，这里的薯类非常丰富，在薯蓣属中，有很多种类都是可以作为药用及食用的。

和马铃薯、薯蓣都叫"山药"类似，在西南和岭南地区，人们会种植一种可口的甘薯，这个"甘薯"可不是西洋来的番薯，它也是一种自古产在中国的薯蓣属植物。甘薯味道甜美，古人称为"甘藷"，《南方草木状》（东晋徐衷撰）里有记载："甘藷，二月种，至十月乃成，卵大如鹅卵，小者如鸭卵。掘食蒸食，其味甘，经久得风，乃淡泊。"古人认为常吃甘薯可以延年益寿，这也和薯蓣的药性相似，《南方草物状》（西晋嵇含撰）有记载："唯海中之人，寿百岁余者，由不食五谷，而食甘藷故尔。"

同样盛产于岭南及西南可以食用的"薯"还有板脚薯、山薯以及参薯等。其中的参薯是广泛野生于中国南方以及东南亚的薯蓣属植物，这种长得比薯蓣更为魁梧的块根，被人驯化出很多栽培品种，它们随着波利尼西亚人散布到了整个太平洋岛屿，成为当地人们重要的粮食作物。说参薯就不得不提到香芋，香芋对于那些喜爱西式甜点的人来说非常熟悉，西点中淡紫色香芋口味的甜点从视觉和嗅觉上很容易捉住人们的心。然而美味的香芋并不是天南星科的芋头品种，而是由长相丑陋的参薯培育出的一个栽培种。它原产于菲律宾，由波利尼西亚人带到夏威夷，并成为当地最有特色的农产品。我们身边的很多人都误以为香芋是一种芋头品种，这个误解是来自于它的名字。香芋在英语中称为"ube"，它是直译菲律宾语对这种块根称呼，而中文也随音译翻译为"香芋"，又因它和芋头有类似的香味而很容易被人们混淆。虽然两者味道很类似，但是真正的香芋味道要更为醇厚，盛产于菲律宾被称为"kinampay"的特殊香芋品种，它的香味更加浓郁，加上诱人的深紫色肉心，是任何一种芋头所比拟不了的。

出产于南洋的参薯和中国的薯蓣在欧洲大航海时代开始之前就被人带到非洲，欧洲人是在非洲第一次看到这种食物。葡萄牙人在非洲的几内亚看到当地人在挖掘种植的参薯，好奇的葡萄牙人便问他们挖的东西是什么，当地人回答"nyami"，意思是可以吃的，结果葡萄牙人就把这个词当作了参薯的名字。这个和袋鼠的名字一样有意思的误解，最后以讹传讹地化作了参薯的英文名：yam。之后葡萄牙人把参薯和薯蓣带到了欧洲，并且在1846年的那场马铃薯灾难中作为马铃薯的替代品而救了欧洲人的命。可惜好景不长，薯蓣的种植很快被番薯所替代，因为它种植和收获起来实在麻烦，人力和成本远没有番薯来得划算。

除了可以食用和药用的种类，还有一些种类因其块根富含生物碱和鞣质还可以做它用。产于西南的薯莨，它的巨大块根中富含多酚和鞣质，很早中国人就把薯莨作为常用的鞣制皮革的原料。沈括的《梦溪笔谈》里详细介绍了它："今赭魁（薯莨）南中极多，肤黑肌赤，似何首乌。切破，其中赤白理如槟榔。有汁赤如赭，南人以染皮制靴。"富含鞣酸的薯莨还可以用来制作一种珍贵的丝绸织物——香云纱。香云纱的制作工艺复杂，它是用薯莨的汁液浸染蚕丝织物，加上产于广州佛山附近的河泥，经过暴晒等工艺之后染制成的一种丝绸制品。香云纱也叫"响云纱"，正是薯莨中富含的多酚和鞣质与蚕丝的丝素胶朊以及河泥中的铁离子发生复杂变化后形成黑色胶质，使得染制后的丝绸变得更加爽滑，甚至在穿着的时候还会发出"沙沙"的声响。

"山药"所在的薯蓣属是一个大家族，在中国有49种薯蓣属植物分布在全国的大部分地区。它们或是被人们食用，或是用来制药，或是用来加工为生活用品，其貌不扬的它们还常常被人误认为是其他近似的植物。就是这些纤弱的藤本"山药"们，我们还真是应该如李时珍说的那样，恐岁久以"山药"们为别物，将它们的真实记录还原出来。

煤炉上的番薯

彼时，我还小到不甚记事，冬天家里会生煤炉。因为家里冷，父亲用蜂窝煤填满炉子，盖好炉圈焖火，生铁的炉身子会烧得发白，冷水溅上去，便会"呲"的一声消失得无影无踪。炉子上常坐着开水锅，"咕嘟咕嘟"地冒着蘑菇朵一样的水汽。锅开了，父亲吹着锅沿的热气灌暖瓶，偶尔开水不听话，"哔哔剥剥"地溅出来，洒在水泥地上"噗噗"作响。贪玩的我，趁着开锅时留在窗户上的哈气在玻璃上乱画，一阵儿画到肚子"咕咕"叫了，就和父亲吵着要那烤在炉子上的红薯来糊嘴。

我们把番薯叫作红薯，冬天日短，近黄昏的时候，父亲洗好红薯搁在带箅子的锅里隔水蒸，小煤炉上热气腾腾，熏着屋顶昏黄的灯泡都快要睡着了。蒸好的红薯就是晚饭的干粮，皮薄色紫的红薯很甜，我一手抓一个，坐在小板凳上吃着很开心。晚饭过后，父亲把吃剩的红薯烤在炉圈的边上，而炉子口上依然坐着开水锅。

炉子上烤着的红薯算是冬天里的零食，那些蒸得软绵绵的薯块，在炉子烘烘的热气下逐渐失去水分，变成口感劲道的红薯干，烤好的红薯皮上还会渗出亮晶晶的糖稀，焦香的糖味上沾染着煤焦气，这大概就是和街上吊炉里烤出来的红薯最大的区别了。

这就是儿时的点滴记忆，有时看到街上卖着热腾腾的烤红薯时，就会想起来一些，后来问过父亲那只炉子的去向，他也记不得了，说是估计早就回炉变了铁水了吧。煤炉子并没有煤气好使，只是如今每次吃红薯，也大都隔水蒸了吃，吃剩下的只能再继续热热或是煮在粥里，味道远没煤炉上烤的香甜了。

番薯的吃法有很多，烤番薯自不用多说，隔水蒸着吃番薯，我们叫作"馏"，把番薯洗干净了，小的囫囵着，大的可以切开，搁在箅子上蒸到用筷子戳透即好，馏着吃的红薯皮比较涩，当季的馏番薯皮肉会有些透亮，绵软适当很容易下口。在河北、山东一带，人们吃番薯多"烀"着吃，这种吃法也很简单，把洗干净的番薯冷水下锅一起煮，这样半煮半蒸的直到把锅里的水烧干，番薯就烀好了。烀番薯用的锅必须是生铁锅，这样才经烧，烀好的番薯也不容易粘锅。烀番薯要比馏出来的水嫩，皮薄光溜，肉软烂剔透，个头大的要端着吃，咬开艳红色的皮嘬一口，烫得舌头直发麻。

"烀"这种吃法让我想起在博物馆看到的一种叫作甗（yǎn）的食器，这种奇怪的一体"蒸锅"可以分为上下两个部分，下部是胖肚子宽足的"鬲"（lì）用来烧水，上部则是底带箅孔的"甑"（zèng）用来盛食，两者无缝结合在一起之后便是一种可以用来"烀"的食器。因为与分离的两种器皿不同，甗在蒸制的时候是无法再次加水的，如果想彻底蒸熟食物便需要把水一次加满之后边煮边蒸才可以，于是我们似乎能想象得到古人用这种"锅"来烀东西的样子。

然而古人是吃不到烀番薯的，他们最多可以吃吃烀山药，只是寡淡的山药哪里能与挂着糖稀的番薯相比。番薯和马铃薯一样，来自遥远的美洲，是西班牙人的船队第一次把番薯带到了菲律宾以及东南亚。中国人认识番薯则是因为明万历年间的一场大旱，这场大旱发生在福建地区。福建多山少田，旱灾发生的时候，本地出产的粮食已经无以为继。这时侨居在吕宋（今菲律宾）经商的福建人陈振龙，从吕宋带回番薯藤试种，后由其子向当时福建巡抚金学增上帖恳求推广，金学增对此十分支持，积极推广，闽中人民便是托了番薯的福才得以度过大灾。同是在万历年间，广东人陈益从安南（越南）设法带回薯种，在家乡东莞试种，到明朝末年，福建与广东两省成为中国最早出产番薯的地方。番薯在中国的角色和马铃薯在欧洲一样，是明清时期频发的灾荒使得番薯快速在中国内地传播，明代徐光启总结了番薯的"甘薯十三胜"的独具优势，并由官方强力推广，这样更加速了番薯在中国国内的传播。

番薯和马铃薯一样，也起源于南美洲的秘鲁，当地的印第安人在公元前8000年前就开始食用这种块根植物。番薯和马铃薯习性不同，马铃薯适合高山，而番薯喜欢炎热，于是番薯的足迹正好和马铃薯的相反，它向北逐渐延伸到炎热的中美洲和温暖的北美洲，加勒比的热带岛屿上也有番薯的足迹。哥伦布和他的探险队就是在加勒比地区见到番薯的，当地人叫番薯为"batata"，西班牙人还记下了这个名字。但是奇怪的事情发生，从"batata"音译来的"potato"一词最后被西班牙人错安给了马铃薯，结果马铃薯顶着番薯的名字周游了世界各地。至于番薯，虽然哥伦布很早就把它献给了西班牙女王，但是事实上它一直都是默默无闻地待在西班牙人的船舱里，欧洲本土的人们则几乎完全忽略了它。

也许是因为番薯喜欢干旱和炎热，这些都是欧洲无法给予的自然条件。马铃薯灾难发生之后，番薯接替薯蓣也曾经昙花一现地出现在欧洲的农田里，但是等到抗病的马铃薯培育出来之后，它又逐渐地退出欧洲人的主食餐桌。然而番薯并没有一直被忽视，西班牙人和葡萄牙人把番薯带到了遥远的东方。在东南亚，番薯的高产很快就挤走了在这里曾经种植占主要地位的参薯，来到中国之后，番薯则获得了前所未有的欢迎，它和同时传来的玉米，一起成为开垦穷山恶水的先锋。番薯和玉米的高产，进一步刺激了中国人口的暴涨，人们为了生活继续开荒种地，进而加速了对自然环境的破坏。明清时期的灾荒连年，其原因不仅仅是气候的变迁，很大程度上是大量激增的人口对自然环境的破坏，水土流失的加重使得土地越来越贫瘠，而这些贫瘠的土地上最终只能种植番薯和玉米。

把番薯带出美洲的并不只有欧洲人，生活在太平洋诸岛上的波利尼亚人是最先把番薯带出美洲的人，波利尼西亚人用他们的小帆船，把番薯的块根从南美洲一路向西撒播到太平洋的岛屿上，南到新西兰，最北则到了夏威夷，再往西便接近东南亚地区。波利尼西亚人能把番薯带出美洲，完全因为番薯具有非常强大的适应能力。

提到番薯的适应力，觉得和它外表所给人的感觉完全是大相径庭。这种旋花科的柔弱藤本植物，看上去只会蜿蜒地趴在地上，实际上这种藤本植物有很强的侵占性。番薯是多年生植物，它的藤蔓会向四面八方攀爬，和那些漂亮的牵牛花亲戚一样，它会缠绕在草茎和灌木上晒太阳。番薯的叶片阔大，其枝叶非常繁茂，这样一来，那些被它遮蔽的植物很快就会因为晒不到阳光而枯萎。番薯的藤蔓上还会长出不定根，这些根系有助于藤蔓攀爬到更高的位置，如果不定根遇到的是土壤或者是石缝，这些根系还可以深深地扎下去，膨大成肥厚的块根，用"见缝插针"的方式占领这块空地。番薯能忍受得了干旱，它把有限的水分存储在肥大的块根里；番薯亦能忍受得了盐碱，它把根系吸收的过量盐分，通过分泌腺分泌出来；番薯还忍受得了炎热，以至于它开花都选择在太阳初升的时候，来防止烈日灼伤它艳丽的花朵。很多人都没有见过番薯开花，因为番薯只会在气温高、短日照的条件下开花。如果气候适宜，每年的初秋，番薯会在清晨时分绽放出如同牵牛花一样的艳丽花朵。粉红色的花儿经常藏在浓密的叶片下，它会释放淡淡的香气来吸引过往的昆虫。番薯繁殖起来非常容易，在它的块根上长满很多不规则的芽眼，只要温度适宜，这些芽眼就会萌发出小苗，等到小苗长到五六片叶子时就可以掰下来种植了。大田里栽种还可以直接用番薯的嫩梢来扦插，只要把摘下的枝条斜插在土里，浇足水分，它就能生根发芽。

番薯所属的旋花科，其中多数都是有毒植物，但番薯却是一个例外，我们常吃的部分是由它的根系发育成为的块根，这点与马铃薯和薯蓣是不同的，后者是分生的地下茎发育成的块状茎。在很多地方，番薯一直都是作为人畜共食的经济作物，福建客家话里有俗语："嫁妹莫嫁竹头背，毋系番薯就系猪菜。"意思就是嫁女儿不能嫁到竹林背后的山里，在山穷水尽的地方生活，每日背回家的要么是番薯，要么就是用来喂猪的番薯藤叶，毕竟在穷山恶水的地方也只有番薯才能填饱肚子。番薯易得，也就成为穷人的宝贝，番薯养人，但是也不能一日三餐地吃，番薯富含的果糖和果胶会刺激肠胃发生反酸，那些常年把番薯当粮食的地方，人们大多都有胃病。然而穷人也有穷办法，人们发现用番薯叶子和嫩梢煮粥搭配番薯吃可以减轻反酸的毛病，于是番薯叶子也被人们端上了餐桌，成为一道利食的蔬菜。

说番薯叶子可以解"食毒"，在旋花科家族里，还有一种被人当作"解毒"草药的蔬菜，它就是蕹菜。《本草纲目·菜部二》记载道："（蕹菜）解胡蔓草毒，煮食之。亦生捣服。"胡蔓草，又叫断肠草，即钩吻，是马钱子科的一种剧毒草本。然而谁也不敢为了验证这个药方来赔上一条性命，倒是这味道清淡舒爽的蕹菜却真的可以让那些苦于"鱼肉生痰"的人们清清肠胃里的火气。从初夏到白露，是蕹菜大量上市的季节。阵雨渐去的傍晚，到集市上去买一捆还带着水珠儿的蕹菜是最惬意不过的事情。菜摊上的小贩们大多会说这支棱水灵的菜棵是自己种的，这倒也不大容易作假，在这暑气逼人的天气里，那些经过长途颠簸之后的蔬菜是不会那么有精神的。

蕹菜爱水，只要田边地头，门前后院可以浇到水的地方都可以种植。蕹菜爱肥，《本草纲目》中提道："壅以粪土，即节节生芽。"旱地栽培蕹菜，在它长到一尺高的时候，用腐熟的肥土壅盖藤茎，露出顶芽，不消几日，被壅的茎节上就会长满可以采摘的青翠嫩梢，这种栽培的方法，也是蕹菜名字的由来。蕹菜爱热，天气越热它长得越欢，只要水肥管饱，它可以"节节生菜"，可以割了一茬又一茬，于是它又得名"节节菜"。

闽南有俗话："秋茄白露蕹，毒过饭匙枪。"从字面上看去，以为秋天的茄子和过了白露的蕹菜会和眼镜蛇一样毒。其实这个只是比喻，它的意思是说过了这个时节，茄子和蕹菜就吃不到了。秋天，老实的茄子一肚细籽，而蕹菜则是到了开花结实的时候，蕹菜和番薯是一家，花朵自然也是羞答答的喇叭形花朵，蕹菜花多白色，偶尔也会有害羞的粉红色，水分充足的蕹菜花会从清晨一直开到午后，可以把路边篱笆上的牵牛花硬生生地比下去。蕹菜叶鲜花美，只可惜它是"纤藤"生南国，春来发几枝，茎叶俱嫩的它，很害怕寒冷，稍稍挨冻就会香消玉殒。于是李时珍讲它："金陵及江夏人多莳之，性宜湿地，畏霜雪，九月藏如土窖，三四月复出。"

蕹菜原产东南亚，或许古代温暖的两广地区也有可能是它的原产地之一。西晋嵇含的《南方草木状》写它："叶如落葵而小。南人编苇为筏，作小孔，浮水上。种子于水中，则如萍根浮水面。及长成茎叶，皆出于苇筏孔中，随水上下，南方之奇蔬也。"嵇含的描写，让我想起了"葑田"这种最迟在晋朝就出现的特殊种植方法，就是利用南方水乡湖泊中生长茂盛的挺水植物因常年纠结生长，加之常年淤积的腐叶堆积而成的浮岛。这种浮岛被人铲去茎叶，便可以用来种稻种菜，从而增加了湖区原本不太多的耕地，这也是聪明的国人对湖泊生命循环中"湖泊草化"的利用吧。

人与自然本来就是相依相生，每一种植物或者动物都会随着自然的变化而产生出适应这种变化的技巧，人的选择在很大程度上也是自然给这些生物出的"难题"，马铃薯和番薯抑或是蕹菜都巧妙地适应了人这种动物的偏好，它们也因为人而传播到了四方。然而反过来看，人也在想方设法在自然中生存，这些可口的粮食，或许原本是有毒或者并不可口，它们是自然给我们的"难题"，我们不回避，却能寻找出适应和驯服它们的方法，虽然我们也曾不断地付出代价，但是结果却是美好的。欧洲人锲而不舍的马铃薯，中国人爱恨交织的番薯，都是人类认识自然的漫长过程中巧遇的伴侣，然而把它们换作我们短暂生命的记忆时，它们却是那么的可爱，正如梵高倾注自己对农民情感的《吃马铃薯的人》和我再也吃不到的那煤炉上的番薯，我们对这个自然的一切都是无法割舍的。

菊芋的田野

老家宅院的墙边上，有一丛很像向日葵的植物。它大约不需要人来管，孟春破土而出，初夏就能高过人头顶。它全身长着与向日葵一样的硬硬粗毛，摸上去像葎草一样拉手。立秋的日头一过，高出人一大截的梢子上会开出像葵花一样的花朵，只是这小而轻飘飘的"脑袋"不会像大田里的向日葵一样紧随阳光，树梢上顽皮的风触探着那高挑的花，风儿轻轻掠过，那花就咯咯笑一样地欢动起来。也不知道大伯是什么时候丢下了它的块茎，每年虽没有春种，却有不错的秋收，等到晚霜爬上了墙角的时候，窗户下的腌菜坛子里，就多了一样新鲜的腌菜。

回到城里，晚秋的菜市场上，偶尔也有这种东西在卖。我们管这种长得类似姜块的块茎叫洋姜，它正式的名字叫菊芋。回想在老家看到菊芋那一丈有余、有如向日葵一样的身影与菜市场上姜一样的块茎，顿时联想到南美洲的印第安妇女，她们身着西班牙式连衣裙，身上却披挂着传统印第安图案的驼毛披肩，这种莫名其妙的混搭感让人无法停止想象。这种奇妙感还存在于菊芋的英文名字，"Jerusalem Artichoke"，它既不是产自耶路撒冷，也不是一种菜蓟。让我颇为好奇的是，如果那些事先不知道菊芋真名的人们在读到这个奇怪名字的时候，会如何去想象这两种毫不相干的事物是怎么掺和到一起的。幸好洋姜的味道不是那么容易混搭，我曾经生着剥皮吃过，淡淡的甜味加上劲道又水水的脆感，倒是挺博人喜欢的。

　　洋姜很少拿来直接吃，听说切丝和肉丝炒是一道不错的佳肴。母亲偶尔会买一些回来，她只是把它们洗干净，丢在酱醋汁里做腌菜，腌个把星期之后捞出来，再切细丝拌上芝麻油，倒是不错的下粥小菜。小时候到了九十月份，我会自告奋勇地去捡拾这种"野生"蔬菜，因为在我闲暇游荡过的荒地里常会有它的身影。这些生长在荒地里的菊芋，真的算是自力更生，不知是哪位那么不经意地丢了一颗块茎在土里，第二年它就会自觉地生发成一丛。如果没有人去采收，只要几年的时间，菊芋就能占领这片空地。可惜有像我这样扫荡者的存在，菊芋的"阴谋"似乎无法得逞，它倒也不会就此绝种，当我每次拔起菊芋根筢子的时候，我都会在土里留下那些不够塞牙缝的小块茎，于是明年的秋天，这片荒地上依然会有那可爱的花朵，自然也少不了我满满一袋子的洋姜。我喜欢这些"不劳而获"的果实，也喜欢菊芋枝头的花朵，每次挖洋姜的时候，在拔倒的秆子顶上掐几束略微扎手的花，带回家里插起来，就当作迎接了秋天吧。

　　这种来自北美洲的菊科植物，一直都是印第安人的食物，或许菊芋随意的性格使然，印第安人从来没有把它当作农田作物，只是在空地上一丢就等着收获。法国探险家萨缪尔·德·尚普兰（Samuel de Champlain）在1603年的探险日记里记录下了加拿大休伦人（北美印第安人的一支）所种植的菊芋，他亲口尝过，觉得菊芋的味道和菜蓟很像，于是随口就把它叫作菜蓟（artichoke）了。1613年，尚普兰把菊芋带回法国，欧洲人才第一次看到这种奇怪的新大陆食物。和那些从美洲来到欧洲的蔬菜的境地类似，菊芋是不会被欧洲人端上餐桌的，但它很快就融入到了欧洲人的生活里，因为人们种植菊芋来作为牲畜的口粮。随性的菊芋哪里会安分地待在农场里，当它的块茎再一次被人随意扔到野地里之后，这种高挑的向日葵属植物就渐渐地依靠自己在牧场外繁衍开来。菊芋的茎秆粗糙，叶子上也长满刺毛，牲畜对它也只是在万不得已的时候才当作食物；菊芋繁殖迅速，很快它就成为牧场上令人头疼的杂草。这种惹人讨厌的印象直到那场马铃薯灾难来临之后才有所改观，因为那时穷人们不得不依靠这种肆意生长的块茎植物作为救命粮食。

欧洲人吃菊芋方法和吃马铃薯类似，他们把成熟的块茎煮熟，剥去外皮后压成菊芋泥来拌沙拉或当作主食。现在人们认为菊芋是一种健康的食物，因为它富含淀粉和菊糖。尤其是菊糖，这种带甜味的低聚果糖被人体吸收后，并不会被机体分解和利用，这个优点使得菊糖可以成为对糖尿病人安全的甜味剂，同时它被人体吸收后会产生饱腹感，也是适合作为嗜甜人群的减肥食物。然而新鲜和煮熟的菊芋还是不能多吃，因为菊糖会引起一些人发生肠胃胀气，于是菊芋又得了一个"放屁姜"的诨名。虽然菊糖有一定的缺点，但是在如今，菊糖的优点让人们对它的研究和利用也越来越多。适应性强和广泛出产的菊芋已经成为提取菊糖的首要原料。富含菊糖是菊科植物的显著特征之一，这个大家族的成员都会使用这种糖类来替代淀粉成为它们存储能量的来源，人们更多的是关注菊糖对人体的作用和影响，至少作为一种低热量甜味剂是当下最好的用途。

在菊科植物中，还有一种植物也是富含菊糖的美味食物，它就是菊薯（yacon），这也是一种原产于南美洲的块根植物。虽然菊薯这个名字也会让人产生与"菊芋"相同的跨越感，但是当你在超市里拿起这种状如番薯，而名字却叫作"雪莲果"的块根时，菊薯这个本名就显得贴切多了。菊薯的块根从口感有别于其他块茎块根类植物，它的块根肉质雪白，水分非常充足，加之它富含菊糖，味甜又爽口，很多人并不把它当作蔬菜来吃，而是作为水果。我很喜欢把削皮之后的薯根切成见方的小块，与酸奶拌成沙拉放在冰箱里冷藏。炎炎夏日，这种酸甜可口的沙拉在开胃之余还是减肥的佳品，因为菊薯不含淀粉，所以它的热量值是很低的。

菊薯是印第安人的传统食物，这种分布在安第斯山脉上的菊科植物，被印第安人发现和驯化的时间还不过千年，菊薯走出大山的时间更晚，这种甜脆可口的食物直到20世纪初才被美洲以外的人所知晓。1985年，日本从美国和新西兰引种了菊薯，随后中国台湾也开始种植这种植物，台湾人或许觉得它的名字叫起来太土气，于是凭借丰富的想象力给它起了一个"雪莲果"的名字，这个名字倒是闹出来很多误解，但至少我们已经明白，我们所吃的部分并不是菊薯的果实。

菊薯与菊芋都属于菊科，我们吃的部分虽然都在地下，但实质却大相径庭。菊薯吃的是块根，而菊芋吃的是块茎，前者是由菊薯的根膨大发育而成的，而后者是由菊芋的地下走茎发育而成。从字面意思上区分很容易，但是看到实物我们还是会有些拿不准主意。其实这个问题不必发愁，我们可以从两者身上的芽眼判断出它们的身份：如果是块茎，它的芽眼大多是光溜溜表皮上的小坑，这些小坑排列整齐，一般会对称地分布在块茎的周围，在那些位置对称的芽眼之间还会有隐约的连线，这些痕迹就是植物地下茎上附生的鳞片或叶片脱落后的痕迹。有些块茎的芽眼还会突出，正如菊芋一样，这些明显的芽会有序排列，最后渐渐地汇聚在远离母体植物的那一端，形成一个较大的顶芽。如果是块根，——虽然不是每一种块根都会有芽眼，例如菊薯的块根没有芽眼，而番薯的块根则有很多芽眼——则块根上的芽眼分布很不均匀，甚至有些芽眼很难直接用眼睛来分辨。当温度适宜的时候，块根上的芽眼就会萌发，这个时候我们才能知道这个块根是否能用来繁殖植物，块根上的芽眼分布正好与块茎相反，它们会密集地分布在靠近母体植物的一侧，而它们没有大小区分。

菊薯是一种非常有趣的植物，它的块根虽然没有繁殖能力，但是菊薯本身还会长出具有芽眼的块茎。它们从形态上区别很大，菊薯的块茎长相很像菊芋，它们就生长在地上茎秆附近并靠近地表的地方。当菊薯遭遇到不良天气，地上部分枯死，它还可以依靠这些块茎来繁衍后代。那些深埋在地下的块根，是块茎们贮藏水分和养分的"仓库"，两者通力合作，从而保证了菊薯能在山区多变的环境中保持旺盛的生命力。

　　菊芋虽然没有块根，但是它的块茎却是一艘强悍的"诺亚方舟"，这种可以抵御零下四十多度严寒、抵御数月无水的干旱、抵御盐碱性伤害土壤的块茎，在遇到适宜的环境后就可以以满血状态"复活"，使得菊芋可以度过很多严酷自然条件的折磨。于是这身怀"高深"本领的菊芋，它的性格才会那么随意，它并不像其他块茎类植物那样过分依赖人类，它只需借助人的一个不经意的抛洒，就可以在地球的另一端的田野里开出温暖如秋日阳光的花。

疆場有瓜

从甜瓜到苦瓜

儿时的乐趣颇多，春天秧田里捉蝌蚪，夏天水塘边上钓青蛙，秋天里四处乱钻，回来口袋里不是有个萝卜就是多条黄瓜。父亲管教很严，不让我做这些偷盗的事情，于是少不了吃巴掌。有时候东西并不是偷的，像那些荒地里的洋姜，父亲也要问明来源，但凡是有人家的，都要差遣我给人送回去。好几次玩到掌灯才回家，父亲训斥我，母亲则让我把里外的衣服都换了，秋草高深，带回跳蚤是常事。有一次，母亲正在收拾衣服，突然一个圆溜溜带绿条纹的瓜从口袋里滚出来，母亲被吓了一跳，以为是青蛙，父亲捡起来一看，原来是一个只有半个巴掌大的甜瓜。

"哪儿来的？"

"地里捡的，上次出去，我还让你看了瓜蔓子那个。"

"哦，你还记得啊，都长这么大了。"

的确，自从父亲教我认识甜瓜秧子之后，我每次到荒地里都会去寻。荒地草杂，甜瓜秧子柔软的蔓条子靠着卷曲的"触手"爬上草茎，瓜蔓头上会开出几朵五星的小黄花。看到招摇的小花，我就扒开草秆子顺藤摸瓜，一般在靠近地皮的地方都会有一两只带细毛的小果子。见到果子之后，我便把周围的草拔一拔，把爬上去的瓜蔓放下来，摘掉梢子和侧枝，然后小心藏好了。于是我就成了这瓜的主人，隔三岔五的就来瞧瞧，有草挡了瓜叶就拔掉，有新枝杈长出来就打掉，直到这瓜皮上绒毛退去，暗绿色的条纹绷紧实了，我便忍不住诱惑地摘回家。这瓜让我当宝贝一样地在家里放了好几天，连姐姐都不能碰，不过最终它还是祭了我的"五脏庙"。

荒地里的甜瓜秧并不是野生的，它们都是人们吃瓜解渴的时候，随手甩掉的瓜子自己长出来的。于是这甜瓜和菊芋一样，大约在多数有人的地方，都会不难看到它们的身影。甜瓜起源于何地，这个很难回答，因为它的各种品种在野外极容易生长而至今都无法确定其野生类型。经过多年研究，人们猜测甜瓜的野生祖先大体生活在从现在北非的埃及、西亚的伊朗一直延伸到印度北部的广大地区。最早驯化甜瓜的地方是在最早诞生人类文明的新月沃地，它和小麦一样，是人类最早栽培的农作物之一。甜瓜随着人类的脚步一路向东，在中国史前时代就抵达了中国的土地。

"中田有庐，疆埸有瓜，是剥是菹，献之皇祖。"《诗经·小雅·信南山》里短短的几句，不仅讲到了先秦时代瓜的种植，还说明了瓜的吃法。那时的甜瓜大约不直接在田里种植，而是种在田垄之上，收获的瓜果不是作为水果，而是要经过腌制后方可食用。因此，史前乃至先秦时期，被人带到中国的甜瓜还是相当原始的种类，它个头不大，味道也好不到哪里，要不然古人也不会腌制再吃，而这些记录估计也是最早关于原始类型甜瓜的记载了。那么中国还保留着这种近似野生的甜瓜吗？答案自然是不会有的，因为在中国，这种原始类型的甜瓜发展出了甜瓜品种中的一个大类型——薄皮甜瓜。

现今的薄皮甜瓜，大多数分布在印度北部、东亚以及东南亚地区，这种甜瓜个头都不大，最大的特点就是皮薄，可以连带果肉一起吃。薄皮甜瓜主要分为香瓜、菜瓜、越瓜，其中菜瓜和越瓜是中国本土演化的类型，而香瓜则是在西域一带演化出来的。

中国甜瓜分化出来的两个类型味道都很寡淡，越瓜在成熟之后会略带一些甜味，而菜瓜则常在未成熟的时候便摘来做酱瓜。在北方，菜瓜的样子是圆球形或者是椭圆形的，立秋之后摘来菜瓜，剖开两半，挖去中间的瓜瓤和瓜子，抹盐后入瓮杀水，待到多余的水分析出、瓜肉变得柔软之后便可以抹上自制的豆瓣酱装坛继续腌制。腌制好的酱瓜，色泽暗红，吃起来柔软又劲道，或是切丝下粥，或是切丁切条与肉类一起爆炒也是佳妙之食。历史上很长一段时间都不仔细区分菜瓜和越瓜，因为两者长相与食用方法并没有太大的区别。越瓜的瓜肉要比菜瓜松，在其完全成熟之后，瓜肉会变得绵软多汁，略微清甜的味道使它一般当作水果来食用。《齐民要术》里详细记载了越瓜的栽培，还特意提到"收越瓜，欲饱霜，霜不饱则烂"，这是因为越瓜是一种晚熟型甜瓜，只有熟透才能储存。到了元明时期，在华南地区，单独作为蔬菜食用的菜瓜演化出细长的瓜型，人们称这种瓜为"蛇形甜瓜"。明代王世懋所撰《学圃杂疏》（1587）讲道："瓜之不堪生噉而堪酱食者，曰菜瓜。"这才明确地将菜瓜和越瓜分离开来。香瓜从西域东渐也是很早，香瓜与其他两种略微不同。在北方干旱地区出产的香瓜，瓜皮色泽金黄，瓜肉甘甜如蜜，气味清香怡人；因为香瓜喜欢大温差、长日照的环境，所以南方种植的并不多。甜瓜好种，只要在田间地头的空处就可栽植。秋收农忙，正好也赶上了甜瓜成熟的季节，在地里劳累了一天的人们，坐在田间地头，随手摘一只水灵灵解渴的甜瓜便是一件惬意的事情。在湖南的马王堆汉墓，墓主人辛追的胃里还留着她最后吃下的甜瓜种子，从古至今，薄皮甜瓜一直是雅俗共赏的美味水果。

　　原生类型的甜瓜在伊朗和阿富汗地区演化出了另一种类型，厚皮甜瓜。这种甜瓜个头大，水分足，甜味和香味也比薄皮类型来得浓郁。厚皮甜瓜一般分为两个种类：一种是生长期短，果实在夏天就能迅速成熟的网纹甜瓜（summer fruit）；另一种生长期较长，一般在深秋才会陆续成熟的光皮甜瓜（winter melon）。网纹甜瓜的代表品种就是椭圆形的哈密瓜以及欧洲常见的圆哈密（Cantaloupes），两者虽然在中国都被叫作"哈密瓜"，但是它们还是属于不同的品种，哈密瓜出产于中亚与新疆，是厚皮甜瓜中较早出现的类型。在新疆吐鲁番的阿斯塔纳古墓群中，就发现了晋代的半个厚皮甜瓜。圆哈密则是阿拉伯人培育并带到欧洲的，阿拉伯人最早在土耳其一带种植甜瓜，到15世纪才在意大利的南部开始种植这种甜瓜。圆哈密的英文名字正是源自罗马附近的一座小镇的名称。光皮甜瓜在中国的代表品种是白兰瓜，这种大型甜瓜虽产自兰州，但其实是美国人带来的。时值1944年，美国副总统华莱士访华，他受美国土壤专家罗德民（Lowdermilk）之托带来了一种产自法国的甜瓜品种，于是这种法国的甜瓜品种经由美国人之手得以传播，在如今中国的兰州，它已经成为当地的一种特产水果了。

　　讲到菜瓜，就不得不提到丝瓜，在很多地方的方言里，菜瓜也指丝瓜。丝瓜与甜瓜相异，与"蔓"力不足的甜瓜相比，丝瓜拥有超强的攀爬能力，爬墙上树不费吹灰之力。夏日来临，浓密的瓜叶间，成串的金黄色花朵开满枝头，花朵朝开暮落，不出时日，藤间就挂上细长的丝瓜果子。丝瓜分无棱和有棱的两种，都可以选择嫩果来入食。丝瓜属清甜的蔬菜，正如满架的丝瓜枝叶可以避阳的感觉一样。拿削净皮的丝瓜切片汆汤是很清爽的菜肴，汤里加些火腿丝，再打个蛋味道就更加鲜美了。丝瓜切滚刀块炒鸡蛋是母亲爱做的一道菜，丝瓜本身的汁水不多，微微沁出的汤汁又让鸡蛋变得爽滑可口，于是蘸着汁水的瓜和嫩得颤抖的鸡蛋，搁在碗边的饭上，宁肯多扒几口饭，也舍不得马上吃完。

　　"丝瓜，唐宋以前无闻，今南北皆有之，以为常蔬。"李时珍在《本草纲目》如是说。其实丝瓜在北宋或早至五代时就已经为人所用了。陆游这位热爱农作生活的诗人在他的《老学庵笔记》里讲道："丝瓜涤砚磨洗，余渍皆尽，而不损砚。"正是提到丝瓜除了当作蔬菜之外的另一个用途。儿时在外婆家，我对刷碗用的一块"丝络"很好奇，它样子像海绵，可是质地却不那么柔软，像是用天然具有韧性的纤维编制而成的。我问母亲那是什么东西，母亲指指院子里架上的丝瓜，说等到丝瓜老熟之后，瓜瓢子就会变成这种紧密的丝络球。这种丝络球很有韧性，不但可以刷碗洗东西，还能当作洗澡时去污去死皮的"澡擦子"，也正是这个特点，丝瓜亦得名。

丝瓜原产于东南亚和印度东部的山林里，在云南的西双版纳至今还有野生的丝瓜生长。丝瓜天生喜暑湿，好阳光，《本草纲目》里就提道："生苗引蔓延树竹，或作棚架。"人们多将丝瓜种于庭院，搭棚架任其蔓延，等到暑热之时，满棚绿荫，实属惬意之事；大人小孩儿乘荫棚下，沏壶润茶或者杀一颗绷满筋棱的西瓜，这伏天也不过舒爽如此。丝瓜还可入药，中医里讲它"生津止渴，解暑除烦"（《本草纲目》引《陆川本草》），其实那棚架下的润茶就有它的一份功劳。"丝瓜茶"是暑天解热的一道佳饮：取架下的嫩丝瓜一只，去皮切片，搁在汤锅里煮透，然后用汤汁泡茶；茶汤黄褐，温凉的时候放一些蜂蜜，或者加少许盐来补充出汗丧失的盐分，一茶缸下肚之后，隔着丝瓜架上累累的叶片，都好像看得透那淡淡如潮的天空了。

夏日消暑的自然还有黄瓜。"过雨荷花满院香，沈李浮瓜冰雪凉"（宋·李重元），伏天的午后，借着此起彼伏的蝉鸣，儿时最喜欢的事就是汲井水冰黄瓜。院子里的唧筒有半人高，我个子小一个人是够不着也压不动的，赶忙叫姐姐来帮忙，先让她把唧筒的压杆抬到最高，我去屋里舀瓢水灌在筒里，然后两个人一起一唱一和地把水压出来。唧筒里的水要多压一会儿，等出水冰得凉气直冲人脑门儿时候，我便跑回家拎出铁皮桶，把摘来的黄瓜、西红柿一股脑儿地投到桶里用水冰起来。黄瓜是在院子里栽，自然是最新鲜的，摘黄瓜也算学问：退了刺的不摘，皮糙肉寡；没长够的不摘，看似嫩绿却水分不足；要摘就摘那种瓜个头已经定型，长长的墨绿色细腰上缀着刺的才是最好的。冰凉的井水把铁桶外壁上镇出几层汗之后，瓜就能吃了，我和姐姐一人一半，歪屁股坐在墙头的树荫下，看着麻雀们在墙角的土坑里乌烟瘴气地洗澡。

黄瓜和甜瓜是姐妹，这两种同属的蔬菜长得的确有几分相像。黄瓜和甜瓜类似，不善攀爬。瓜型细长的黄瓜是需要搭架子的，架子不用太高，瓜秧子需要用捆扎绳系在架杆子上；如果是短圆的地黄瓜，不搭架子也可以，任由它在地上爬，地黄瓜怕水，要种在堆起来的畦垄上，接连阴雨天气的时候还要注意排水，瓜要是沾了泥就会烂得很快。黄瓜祖先来自于印度北部的喜马拉雅山南，如今从印度到云南西南还有与黄瓜血缘相近的野黄瓜（*Cucumis hystrix*）生长。据说在公元前两千多年前的美索不达米亚就有关于黄瓜栽培的记载。公元1世纪的时候，古罗马人为了能吃到喜欢温暖的黄瓜，专门将它种植在篮子或者是装着轮子的木槽里，这样就可以随时移动来让黄瓜晒太阳。罗马帝国覆灭之后，欧洲人便没能再吃到黄瓜，直到中世纪结束之后，阿拉伯人才再次把黄瓜带入南欧。

黄瓜传入中国也很早，大约也是在与罗马帝国同时期的汉朝。李时珍把引种黄瓜的"功臣"封号给了张骞，不过现在史学界已经定论，黄瓜的确是在张骞打通通往西域之路后传入中国的。北朝的

《齐民要术》中也提到了"黄瓜"的栽培，那时的黄瓜被称作胡瓜，贾思勰把胡瓜的种植方法和越瓜放在了一起，说明了两种瓜类的相似之处。黄瓜传入中国还有一条道路，那就是从东南亚地区沿中国西南传入，这种黄瓜在华南地区演化出瓜型圆筒、粗短，皮厚色浅，略带花斑的华南型黄瓜，与从西域引入的瓜型细长、皮薄色绿，瘤密刺多的华北型黄瓜有着明显的差异。

关于黄瓜的典故，最多的还是说它名字的由来。黄瓜自西域来，人称"胡瓜"。唐《本草拾遗》里讲："北人避石勒讳，改呼黄瓜，至今因之。"石勒是十六国时期后赵的皇帝，因其为胡人政权而讳"胡"字，然而这个典故因《本草拾遗》的遗失而显得不够确切。确切的胡瓜改黄瓜的记载是唐代杜宝的《大业杂记》，其中就记述了隋炀帝因讳其胡人，而"改胡床为交床，胡瓜为白路黄瓜，改茄子为昆仑紫瓜"。然而"胡瓜"这个称谓并没有因为忌讳而消失，它一直伴随着黄瓜流传在人们的口语中。这个现象也很有趣，只要"胡""汉"相对立的时候，"胡瓜"这个名字便会再次出现，北宋掌禹锡等撰《嘉祐补注本草》著录关于黄瓜的条目时，可能出于对北方少数民族的歧视，便依然称之为胡瓜："胡瓜叶：味苦……北人亦呼为黄瓜，为石勒讳，因而不改。"

胡瓜也好，黄瓜也罢，这种据说是蔬菜产量排名第四的鲜美果实早就是妇孺皆知的消夏佳品。黄瓜的吃法很多，多到无法累述的地步。"做个拉皮，拍个黄瓜"恐怕是普通中国人再熟悉不过的。黄瓜皮薄，水分含量也很大，它的果肉的含水比重在90%以上，黄瓜不耐贮藏，所以要随买随吃才是最健康的。黄瓜适合生吃，这个特点使得它很容易成为致病微生物搭乘的方舟，因为黄瓜的不卫生吃法，引起恶性肠道疾病也屡见不鲜。于是在外买来的黄瓜必须洗干净才能下口，或者烹调凉菜时可以用热水快速地烫一下瓜皮，拍松之后加一些老醋或者是蒜泥凉拌也是一个不错的选择。

甜瓜是解渴良方，丝瓜是夏日之美，黄瓜是消夏佳品，甜的淡的凉的都齐全了，但是作为美食国度的中国，还有一种瓜也是夏天的必备，它就是苦瓜。要说苦瓜的名气，自然没有前几种的大，但是在我看来，它才是整个夏天的压轴瓜果。在苦瓜面前，人分两派，一派是对它吹捧有加，另一派是对它爱莫能"食"。我算作前者，每当正午日头下屋檐的影子退出窗棂的时候，我就寻思着菜市场里的苦瓜了。菜食的苦瓜种类不多，北方常见淡绿色或者微微发白的品种，这类水大味淡；还有皮略薄、颜色翠绿质地细长的品种，其味道清苦入喉。吃不了"苦"可不算能人，但是不同的苦瓜，在我看来做法也不大相同。和其他几种瓜比起来，苦瓜虽也算清淡之物，但是它的最佳搭配还是荤食，皮肉略薄的苦瓜，适合与肉食爆炒，而肉厚回甜的种类则适合凉拌或是做酿苦瓜。各种吃法中我最喜欢爆炒，切五花腊肉，上锅同米饭蒸透；热锅下少油呛花椒，眼看着青烟初起，迅速下腊肉翻炒，随后苦瓜跟进，微盐调味，起锅装盘便是正午的下饭菜。母亲偶尔会在晚饭蒸些酿苦瓜，她的手法也有特点，她将做馅的糯米换成豆腐，上锅蒸前还要在煎锅里两面煎一下，如此做来，蒸好的酿苦瓜味道更为清爽，也与晚粥颇显益彰。

苦瓜又叫凉瓜，这是因为苦瓜不仅可以当作蔬菜，在中医中也被当作一味性"凉"的药材。苦瓜和丝瓜一样，也可以用来做夏天降暑的凉茶，但是苦瓜不能像丝瓜那样煮水，因为苦瓜的苦味物质会在长时间熬煮过程中分解而丧失。传统的苦瓜凉茶做起来很有意思，选皮薄青绿的苦瓜，切去一头，用长勺子将其中的瓤与籽挖空，选铁观音或者绿茶填入挖空的苦瓜内，然后用竹签把切下来的苦瓜头与苦瓜封好；之后将制好的苦瓜阴干到失去大部分水分，再将其放在炉子上烤去最后的水分才算完成。制好的苦瓜茶不但可以长久贮藏，喝起来也很方便，只需要掰下来一块，放在茶壶里泡开便是一道清爽的凉茶。苦瓜虽好，但它也不是万能良方，那些随意讲来的治病功效，有多少是真实的也很难验证，于是真要拿苦瓜来入药，还是遵照医嘱才好。

苦瓜还有一个名字叫作"锦荔枝"，这个名字其实是它最早的名字。苦瓜原产于东南亚的热带地区，大约在北宋时期南方就有人引种来作为观赏植物。苦瓜藤蔓庞杂，枝叶茂密，纺锤形布满凸起的果实长相奇特，果实成熟的时候果皮会变成金黄，于是还得名"金铃子"。元人熊梦祥的《析津志》里记载了在元代的元大都（北京）已经有人开始栽培苦瓜了。早期苦瓜不仅仅是观赏，也用来作为水果来吃，人称"赖葡萄"。与现在的苦瓜吃的部位不同，"赖葡萄"吃的不是它的嫩果，而是它成熟的果瓤。苦瓜成熟之后，原先海绵状的胎座（生长种子的果瓤部分）会逐渐发育成为包裹在果子外面的囊状物。这种囊状物富含水分，颜色鲜红且味道甘甜。在野生环境中，熟透的苦瓜会自下而上地裂开果皮，果皮向后翻，果实内部的红果瓤就会被展现出来。这是一个绝妙的传播种子的办法，因为味道可口的果瓤可以吸引鸟类、蝙蝠等小动物来食用。明代朱橚的《救荒本草》里记录了苦瓜的吃法："内有红瓤，味甘，采黄熟者吃瓤。"然而书中并没有提到嫩果的食用，可见在明初之时，苦瓜还没有被当作蔬菜来食用。到了徐光启的《农政全书》，书中就开始记载苦瓜作为蔬菜的用途："南人甚食此物，不止于瓤，实青时采者，或生食与瓜同，用名苦瓜也。"

　　苦瓜的口味独特，小小的一只瓜却吃法用法如此繁多，我说它是夏日的压轴瓜也真不为过。看看它的各种用途，可谓是汇集了甜瓜的甜、丝瓜的凉、黄瓜的淡。然而话虽如此，在这各种瓜果五香十色的夏日里，任何一种瓜果都替代不了其他的，就像这个大自然，拥有如此丰饶的物种财富，而我们，只是它藤上的一只渺小的瓜。

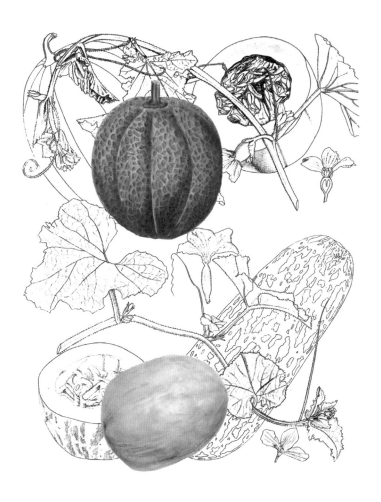

甜瓜（*Cucumis melo*），葫芦科黄瓜属植物。甜瓜的种类很多，一般分为薄皮甜瓜（下图）与厚皮甜瓜（上图）两类。薄皮甜瓜大多分布于印度与亚洲东部，而厚皮甜瓜多分布于中亚以及其向西的地区。甜瓜花朵分雌雄，雄花只传粉，而雌花只授粉结果。瓜藤上往往雄花先开而雌花稍后开放，这样可以防止自花授粉。图片：Kirtikar, K.R., Basu, B.D., *Indian medicinal plants*, 1918，果实：倪云龙

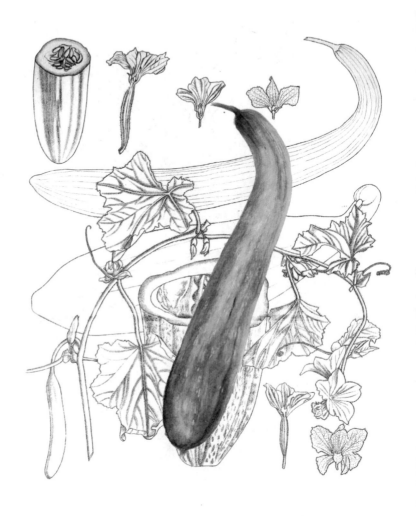

菜瓜，薄皮甜瓜的变种。在中国，薄皮甜瓜分化为作为水果的越瓜和作为蔬菜的菜瓜，菜瓜的种类也有很多，北方常见为腌制"酱瓜"的圆形菜瓜，而在南方地区则为长条形的蛇形菜瓜。图片：Kirtikar, K.R., Basu, B.D., *Indian medicinal plants*, 1918，果实：倪云龙

丝瓜（*Luffa cylindrica*），葫芦科丝瓜属植物。丝瓜黄色的花朵大而艳丽，它的花朝开暮落。大多数开在枝头的成串的花是雄花，而雌花则单独生长在叶腋上。丝瓜的果实修长，在成熟干燥后会在果实末端形成盖子一样的开口，瓜瓤会干燥成海绵状空洞，挂在枝头随风摇晃，黑色的种子便会很容易被甩到很远的地方。图片：Kirtikar, K.R., Basu, B.D., *Indian medicinal plants*，1918，果实：Blanco, M., *Flora de Filipinas*，1875

黄瓜（*Cucumis sativus*），葫芦科黄瓜属植物。黄瓜水分含量很大，因此幼嫩的果实是很多动物窥探的食物，幼嫩的黄瓜为了防止动物吃掉而周身长满了小刺，等到瓜内的瓜子成熟后，黄瓜的利刺会慢慢脱落，并改变成淡黄色吸引动物来食用，依靠充足的水分作为"卖点"来传播种子。图片：Thomé, O.W., *Flora von Deutschland Österreich und der Schweiz*，Tafeln，1885，果实：Chaumeton, F.P., *Flore médicale*，1830

苦瓜（*Momordica charantia*），葫芦科苦瓜属植物。苦瓜传播种子也是依靠动物，它虽然没有甘甜的果肉，但是它有甘甜的果瓤。成熟的苦瓜会从底端一直完全开裂，把甘甜湿润的红色果瓤显露出来，这样包裹着种子的果瓤被蝙蝠或者鸟类吃下，种子便传播出去了。图片：Kirtikar, K.R., Basu, B.D., *Indian medicinal plants*, 1918

冬瓜（*Benincasa pruriens*），葫芦科冬瓜属植物。冬瓜原产东亚以及印度地区，至今在这两个地方，人们都把冬瓜当作蔬菜来食用。在中国南方，还有一种冬瓜的变种名叫节瓜，节瓜样子与冬瓜无异，只是果实要比冬瓜小很多，肉质更为鲜嫩而成为专供蔬菜的栽培种。图片：Blanco, M., *Flora de Filipinas*，1875

西瓜（*Citrullus lanatus*），这种原产于非洲的葫芦科西瓜属植物，是一种生长在沙漠边缘的顽强植物。西瓜果实富含水分，但是这些被存储起来的水分并不是为了自己使用，而是用来吸引那些口渴的动物来吞食它的果实。如此一来，西瓜被动物吃掉，它的种子则可以传播到更远的地方。图片：Köhler, F.E., *Medizinal Pflanzen*, 1887，果实：倪云龙

南瓜是南瓜属几种植物果实的统称，它们长相相似，甚至味道和口感也类似。各种南瓜在人们眼里极易混淆，而它们原本却是不同的种类。长着基部膨大且有五棱果柄的是南瓜，果柄基部不膨大却有五棱的是西葫芦，而果柄既不膨大也没有突棱的是笋瓜。绘图：倪云龙

南瓜（*Cucurbita moschata*），葫芦科南瓜属的南瓜，曾经被人们叫作"中国南瓜"，然而它的故乡并不在中国，而是在遥远的中美洲。南瓜果皮坚硬，可以保护里面的种子安然度过漫长的旱季，然而它是如何依靠动物来传播它的种子，这是一个很有意思的问题，至少人们非常喜欢南瓜的味道，它的种子也随着人类的足迹遍布全球了。图片：Blanco, M., *Flora de Filipinas*, 1875

西葫芦（*Cucurbita pepo*），西葫芦也是葫芦科南瓜属植物。西葫芦原产美洲中部，因此得名美洲南瓜。它原本的样子与南瓜无异，只是果实柄的基部没有膨大的部分，果实柄上有五条突起的棱。然而我们常吃的嫩果西葫芦，它的样子细长，像极了可以吃的嫩瓠子，于是得名西葫芦。图片：Houtte, L. van, *Flore des serres et des jardin de l'Europe*，1845

笋瓜（*Cucurbita maxima*），笋瓜也叫北瓜，原产于南美洲的安第斯山脉。安第斯山脉多变的气候，培养了笋瓜很强的适应能力，让它可以适应更为寒冷的条件。葫芦科植物的花大多雄雌异花，这样可以有效地防止自花授粉。然而雄雌异花带来一个大问题，就是雌花不产花粉而无法吸引昆虫光临，葫芦科的花自有办法，其雌花的柱头的长相模仿雄花的花蕊，于是昆虫以为雌花的柱头是有花粉的雄蕊便会上前光临，这样传粉的目的就达到了。图片：Vietz, F.B., *Icones plantarum medico-oeconomico-technologicarum*，1804

葫芦（*Lagenaria siceraria*），葫芦科葫芦属植物。葫芦的足迹几乎遍布全世界，这种植物的果实只有在东亚才会被作为蔬菜食用。葫芦科的果实是一种独特的假浆果，它是由多个花器官联合而成的，其果皮是由花萼和花托合生而成，外果皮通常坚硬，而中果皮和内果皮肥厚多汁，果皮包含着异常发达的胎座，胎座上着生着大量种子。这样的果实可以长成很大的体积，并且可以一次性传播很多的种子，这种独特的假浆果也叫作"瓠果"。图片：Kirtikar, K.R., Basu, B.D., *Indian medicinal plants*, 1918，果实：倪云龙

冬西南北瓜

　　"瓜"是枚象形字，古有言"在木曰果，在草曰瓜"。瓜的篆字便是很形象地"画"出一只结在藤上的瓜，中间是地上圆圆的瓜，而柔软的藤蔓绕瓜而生，于是中国人只要是长在纤柔藤上的果实都称作"瓜"。中国本土自古产的"瓜类"不多，能吃者亦甚少，如今餐桌上的各种瓜类大多是从四面八方引种而来的，在这些瓜的名字中，这"冬"西南北的称号便是各显其宗了。

　　在中国人的词汇里，似乎没有"东瓜"，也许在我们眼里，东边是汪洋大海，产不得这依土靠地而生的果实。如果把眼光切换到整个旧大陆，中国是这大陆的最东方，那土产于我们这里的瓜也许可以叫"东瓜"了。冬瓜便是自产中国的"东瓜"，野生冬瓜分布在云南的西双版纳以及缅甸到印度东部。中国及东南亚或许是最早把冬瓜当作食物的地方，在广西贵县的罗泊湾汉墓中发现了已经炭化发黑的冬瓜籽，这也是瓜类考古实物中发现比较早的种类。关于冬瓜的记载，最早见于三国时期张揖撰《广雅·释草》，在之后的北魏《齐民要术》里则明确并详细地记录了关于冬瓜的栽培和腌渍的方法。

冬瓜算作"瓜类"里的大家伙，一只冬瓜轻则十几斤，重则可以达到五六十斤，少有人家可以一顿吃掉这庞然大物，每次母亲去菜市场买冬瓜，也只能按寸来买。买来的冬瓜处理起来不费力，用刀沿着皮肉相接的部分切去厚皮，再把那凝若豚脂的瓜肉改刀成一寸见方的小块。母亲喜欢拿冬瓜与排骨一起煮汤，在等着把汤熬到醇香、瓜肉变得透明之前，她还会择些香菜，细细地切来，为的是起锅后撒在散着油花的汤面上。我极爱用这汤泡饭，米粒把汤汁的鲜气吸饱了，再搁上透着淡淡抹绿的瓜肉，如是连汤带饭地扒进嘴里，满口清香得连舌头都找不到东西南北了。冬瓜的味道很是清淡，可以说淡到无味的境界了。正如"百菜之主"的大白菜一样，冬瓜与其他食材煮在一起，便会吸纳别家的味道。然而大白菜会给这些馥郁的味道增添甜味，而冬瓜的缺点则是全盘接受，渐渐地这汤里的冬瓜越发没了主见，最后连瓜肉也分崩离析，与汤不分彼此了。于是煮冬瓜也是要技巧的，怎么能让它看之有形，却入口即化，味道还不与汤同气，火候自然是一点，更重要的或许是母亲那等待最后出锅的少许香菜，它可以让汤与瓜的味道瞬间截然分开了。

水分十足的冬瓜不但可以炖汤，还可以做成蜜饯或腌渍成各种酱菜。尤其是制作蜜饯，这正是利用了冬瓜的无味、无渣的特点。冬瓜肉看似硬朗，但是只要一加热或者是水分一蒸发，它就变得柔软易碎。制作蜜饯的第一道工序就是用石灰水浸泡给瓜肉上"筋"，石灰水一般使用贝壳灰，因为贝壳灰的杂质少，纯度也高。经过石灰上"筋"的冬瓜再经过泡制和煮熟之后就可以用来糖渍，先用食糖来渍，然后再用糖浆煮透，反复几次之后，趁热把煮好的冬瓜放到果糖粉里翻滚，之后上算晾凉、阴干，直到在晶莹剔透的冬瓜表面结上一层白色的糖霜，冬瓜糖才算做好。中医里讲冬瓜性"凉"，这带着白霜的冬瓜糖是冬天里清咽利喉的好东西。

冬瓜又叫"枕瓜"，个头饱满的它像是从前那种圆筒形状的枕头。记得儿时听过一个笨媳妇的故事：村里有个人称胖嫂的小媳妇，她生了一个白白胖胖的儿子。有一天，胖嫂在地里干完活回家，发现门缝里塞着一封娘家捎来的信。马虎的胖嫂只看到信纸开头的"妈妈重病"四个字就开始着急上火。胖嫂信也没看完就着急忙慌地进屋抱起孩子赶忙往娘家赶。天黑路急，胖嫂为了抄近道儿不小心走到了冬瓜地。瓜地里深一脚浅一脚，不小心一个跟头，胖嫂把怀里的儿子摔出老远。胖嫂急着抱起儿子继续赶路，回到娘家，她却发现大门上挂了锁，心想一定是母亲重病送医院了，于是她趴在门上便放声大哭。胖嫂的哭声惊动了在邻家唠嗑的胖嫂妈，胖嫂看到母亲没事，方才明白原是自己的误会。正当大家都笑胖嫂糊涂，胖嫂妈问起来胖嫂的怀里抱了个什么，胖嫂笑着说是儿子，结果揭开被子一看，她抱的竟然是一只长毛的大冬瓜！这下可又急坏了胖嫂，她两脚不停地赶回冬瓜地，不见儿子的踪影却只见她床头的枕头。胖嫂一想不对头，继续赶回家里去找，结果回到家里依然没有儿子的影子。胖嫂又急又气，只得坐在门口号啕大哭起来。这时隔壁的婆婆抱着孩子闻声来看，胖嫂一见孩子才明白是婆婆帮她把丢在床上的孩子照看好了。胖嫂一时破涕为笑，抱上孩子连忙谢过婆婆，而她心里只得不住地数落自己的粗心大意。于是在很多时候，人们常常拿冬瓜来形容人笨得出奇，不过这个形容也不完全是贬义，倒是这大冬瓜的敦实厚道，不免让人生出笨得可爱的感觉。

冬瓜虽笨重，但是成熟的冬瓜却是极耐贮藏的蔬菜，一个完整未切的冬瓜可以存放半年之久。冬瓜生长期较长，从开花到果实成熟，一般需要两个多月的时间。幼嫩的冬瓜，在外皮上长着密密的硬毛，一不小心碰到还很扎手。过去剃头师傅教学徒的道具就是嫩冬瓜，只有当学徒们何时可以用剃刀把嫩冬瓜的白毛剃光且瓜皮分毫未伤，这才可以接替师傅为顾客剃头。冬瓜成熟之后，瓜皮上的白毛便会软化脱落，取而代之的是挂满犹如冬月才有的"白霜"，于是冬瓜便以此得名。

有冬瓜，会不会有夏瓜？答案当然有，因为"夏瓜"就是西瓜。

其实"夏瓜"原本是指西瓜和哈密瓜的早熟品种，但是用夏瓜来指西瓜也无伤大雅，毕竟西瓜是很多人夏天里最喜爱的水果。儿时对西瓜的记忆颇为丰富，节气一过小暑，集市上卖西瓜的就多起来。卖西瓜的摊位总是与众不同，毕竟西瓜不能像桃、梨那样拈着卖，也不能推个单车或架个小摊来卖。西瓜摊位占地方，小小的菜市场也很难容下。于是卖瓜的伙计在菜市场边上搭起棚架、覆上油布，活脱的盖出一座瓜棚子。棚子里垫好稻草，西瓜就溜溜圆地堆成一座小山；棚子外的油布上挂着大大的牌子：沙地西瓜，保沙两毛，自选一毛五。父亲是挑瓜高手，每次等卖瓜的棚子支起来后，便会带着我去买瓜。父亲站在西瓜堆里挑瓜，我就去鼓捣卖瓜的台秤，照着卖瓜的样子摆弄秤砣子。卖瓜的胖伙计眯眼看着我，回头笑着对父亲说："你这儿子挺灵，这么小就懂秤码子。"父亲看着我一副认真的模样笑起来，而我见势害羞，丢下秤砣红着脸就躲到了父亲身后。每次父亲都会买一二百斤瓜，这瓜可以够一家人吃七八天。

西瓜原产遥远的非洲。如今在博茨瓦纳的卡拉哈里半沙漠以及北非撒哈拉沙漠附近的沙地里，依然生长着大量的野生西瓜。在卡拉哈里半沙漠，当地的桑族人（Setswana）在旱季的时候仍然依靠西瓜过活。他们储存雨季时自己种植的西瓜，并把这种瓜叫作"塔基"。"塔基"属于相当原始的西瓜品种，个头虽与西瓜近似，但瓜肉寡白而甜度只有普通西瓜的一半还少。桑族人把"塔基"当作食物，把果肉和用热灰炒熟的瓜子一起煮成粥来吃。桑族人还采集野生的西瓜，把它叫作"南"，"南"的甜度更低，人们并不把"南"当作食物，而是当作水源，也就是用来"喝"的果实。在北非苏丹附近的沙地里，也生长着众多的野生西瓜。野生西瓜适应这里旱湿两季的交替气候，在旱季来临前，它会四平八叉地长成一个圆形的"绿毯"。一株野生西瓜可以结出上百个小皮球大小的果实。这些富含水分的果实，为这旱季荒地上的动物和人提供了不可多得的水源。

别看野生西瓜个头不大，一个野生西瓜可以在干旱的荒地里保存半年以上。在这水滚滚的瓜肚子里饱含着众多的种子。西瓜依靠动物来传播种子，它存储水分并不是为了种子生根发芽，而是为了引诱动物吃掉它的果实。西瓜子在西瓜瓤里是发不了芽的，因为在西瓜瓤里含着一种抑制种子活性的物质，这种物质就富含在包裹种子的黏液中。当西瓜种子连带果肉被动物吃下去，动物的肠胃会摩擦并消化掉种子外面的黏液，这样由动物排出的西瓜种子才会发芽。这也就是人们在种西瓜之前，需要将种子反复洗到发涩才能种的原因。自然的选择，还让西瓜的根会分泌一种"自毒"的物质，这种物质会抑制同类幼苗的生长，于是一棵健壮的瓜苗会用化学武器来"毒"死与自己竞争的同类。西瓜不能在同一块地上连续耕作，原因其一是因为西瓜会消耗大量地力，第二个就是"自毒"的因素。联想到野生环境，西瓜的这种做法无疑是为了后代的优胜劣汰，同时还能避免长期在同一地块生长而带来病害。

近代学者茹考夫斯基（P. M. Zhukovskii）认为苏丹沙地一带的野生西瓜是栽培西瓜的祖先，这个观点也得到了广泛的认同。最早种植并记载西瓜的是古埃及人，他们在公元前两千多年前的时候就把西瓜的形象镌刻在墓葬壁画上。西瓜随后在公元之初传至南欧，可惜在中世纪时又从欧洲消失，直到十字军东征，西瓜才再次传回欧洲。西欧见到西瓜的时间就更晚了，13世纪摩尔人入侵西班牙半岛，西瓜才为大多数欧洲人所知。西亚临近埃及，但是西亚与中亚地区最早种植西瓜的时间也是到了9世纪左右，当时中亚的花剌子模是最先种植西瓜的国家，现今波斯语、突厥语乃至维吾尔语中的"西瓜"一词都是源于花剌子模，而西瓜向东传入中国的新疆最早也在10世纪左右。

西瓜何时来中国内地，这似乎还是一个问题。在《本草纲目》

中，李时珍引用南朝陶弘景在《本草经集注》中对"瓜蒂"一味药的注解："永嘉有寒瓜甚大，可藏至春者。"李时珍据此认为："盖五代之先，瓜种已入浙东，但无西瓜之名，未遍中国尔。"李时珍认为寒瓜就是西瓜，乃至之后的很长一段时间人们都认为西瓜就是寒瓜。然而根据考证，在胡峤的《陷虏记》之前的史集中是不可能有西瓜的确切记载。事实上，李时珍并不知道，西瓜在9世纪之前还并未传到中亚，南亚地区的海路也无法见到西瓜，因此身居东方的中国内地在6世纪的时候更是无法看到西瓜的踪影。那陶弘景的"寒瓜"究竟为何物？我们可以从他描述的"瓜蒂"这种药物找到一丝线索。陶弘景所说的"瓜蒂"为中药中的"苦丁香"，这种中药是用来作为催吐剂的一味"寒"药。在各种瓜类的瓜蒂中，只有甜瓜属中的甜瓜瓜蒂才适合做这种药材，因为甜瓜的瓜蒂富含一种毒素，可以使人催吐，而西瓜的瓜蒂则没有这种效果。永嘉是现今的温州，在南朝的时候，温州地区已经是越瓜的栽培地了，于是这"寒瓜"很可能是一种供人食用的晚熟型越瓜。

在胡峤的《陷虏记》中提道："遂入平川，多草木，始食西瓜。云契丹破回纥得此种，以牛粪覆棚而种，大如中国冬瓜而味甘。"这是中国第一次提到有关西瓜的记录。然而胡峤并未引种西瓜回朝，他只是中国内地第一个吃到西瓜并记录的人。随着契丹人和女真人的南下，在金朝时，西瓜的种植从北方逐渐南移到了黄河流域，此时南宋的洪皓才于绍兴十三年（1143）从北土引种西瓜并栽植在皇家囿园里。西瓜传入中国，正值五代至两宋时期，战乱中的中国失去了对西域的控制，西瓜的传入并不像其他西域来的瓜果一般顺利到达，而是向北绕了一个大圈。而从此之后，西域传来的蔬菜与水果种类越来越少，而从南方海运传入的种类却逐渐增多了。

阿拉伯人在西亚与中亚的日益强大，使得欧洲与东方的联系渐渐地被阻隔了。西域的道路逐渐封闭之后，中国的海上贸易开始繁荣起来，欧洲则在西班牙和葡萄牙人用航船打通通往亚洲的航海之路后才逐渐摆脱了对阿拉伯人的依赖，与东方建立起密切的联系。在明代，有两种瓜就是通过这条"海上之路"到达中国的，它们就是南瓜和北瓜。

关于南瓜和北瓜，有一个小小的插曲。在20世纪初的时候，因为各地关于南瓜类植物起源的记载不多，很多学者就根据南瓜属植物栽培的情况把栽培的南瓜种类分为五种并确定其发源地。五种栽培南瓜属植物分别是中国南瓜、印度南瓜、美洲南瓜、灰籽南瓜和黑籽南瓜。其中后三者被认为起源于美洲，因为哥伦布在发现美洲大陆的时候，首先看到并记录的正是印第安人栽培的美洲南瓜。而前两者，因为在东南亚以及印度地区栽培较多而认为是起源于东南亚和印度，然而事实上并非如此，中国南瓜和印度南瓜同样起源于美洲，只是关于它们的翔实引种记载非常之少。

《本草纲目》中提道："南瓜种出南番，转入闽、浙，今燕京诸处亦有之矣。"据此记载，我们不难推测中国种植的南瓜最先出现在菲律宾。按照南瓜的起源，菲律宾的南瓜自然是西班牙人带来的。然而在中国的记载里，最早出现"南瓜"二字的记载是在推测成书于明初的《饮食须知》里，这就和西班牙人东传南瓜的事实发生了冲突，因为在明初的时候，欧洲人还不知道美洲的存在，他们还想当然地认为在大西洋的对岸是中国和印度。南瓜是一种极耐贮藏而又甘甜味美的果实，相比其他美洲来的蔬菜，南瓜的美味让接触过它的人们非常容易接受它。从西班牙人于1502年前后在美洲第一次看到南瓜，到李时珍在1578年（万历六年）完成《本草纲目》的编纂，短短的不到80年的时间里，南瓜就快速地从美洲启程出现在了地球的另一端的中国内陆。在中国，南瓜的扩展程度也是难以置信地快，虽然我们无法得知南瓜踏上中国土地的具体时间，但是在李时珍记录南瓜的时候，它已经跨越大半个中国，成为北京（燕京）一带的吃食。正是人们对南瓜的喜爱，我们可以推测，在《饮食须知》里关于南瓜的记载，很可能是后人因为南瓜的广泛传播而做的增补，也因为东方人对南瓜的热爱，使得人们一度认为南瓜是原产于东南亚。

现在已经由考古发掘证明了南瓜属植物全部源自美洲。人类种植最早的南瓜种类是美洲南瓜。美洲南瓜这个名字听起来很陌生，实际上它就是我们餐桌上的西葫芦。在墨西哥的奥克沙卡（Oaxaca），人们在这里的洞穴遗迹中发现了距今超过一万年左右的西葫芦种子。野生西葫芦的果实是苦的，美洲的印第安人为了获得美味的种子而采集并进一步栽培它。印第安人把西葫芦和玉米套种在一起，西葫芦的藤蔓会依靠玉米的茎秆来攀爬。经过漫长的选择，西葫芦被培育出没有苦味的品种，人们开始摘食它的嫩果，印第安人还把这些嫩果剖开来晒干，用来当作旱季不可多得的食物。

西葫芦的变种很多，我们常常看到的各种形状奇怪的"玩具南瓜"以及飞碟型"南瓜"，都有它的血统。西葫芦还有一个很有趣的品种，当这个品种的"南瓜"果实成熟之后，上锅蒸透，然后用筷子搅动瓜肉，瓜肉就会自动散成一缕一缕的"金丝"，蓬松的"金丝"可以用来烹炒或者凉拌，倒是这个搅丝的过程着实显得有趣，于是人们给这种西葫芦起了一个极为形象的名字：搅瓜。

墨西哥不但是西葫芦的起源地，它还是南瓜的起源地。这个南瓜品种就是后来被人们错认的"中国南瓜"。考古发现，南瓜的栽培时间要晚于西葫芦，在墨西哥的普雷塔（Huaca prieta）遗址中出土的，距今5000年到7000年左右的南瓜属植物遗存里就有南瓜的碎片。与西葫芦相比，南瓜更喜欢温暖和长日照的天气，于是它比西葫芦分布得更靠南一些，在中美洲的热带地区，这种南瓜是人们最常栽培的种类。南瓜是最早被带到东亚的南瓜属种类，中国及东南亚的温暖气候非常适合它的生长，因而它在这里如鱼得水遍地开花。在中国及东南亚，南瓜还演化出了很多品种，还有一些种类在人们的种植过程中逃逸到荒野里，成为野生种类，这就是让后来研究南瓜的学者们误认为它原产自东南亚的原因之一了。

跨过巴拿马，进入南美洲，在这个纬度越来越低、海拔却越来越高的南美洲，安第斯山山麓也出产一种被人们很早就驯化的南瓜种类，它就是"印度南瓜"。在南美秘鲁的圣·里约哈纳斯（San Nioholas）遗址出土了"印度南瓜"的碎片，这证明了生活在这里的印第安人最早在公元前1800年的时候就开始栽培"印度南瓜"了。"印度南瓜"原产于南美洲的安第斯山山麓，它比其他几种南瓜更适应多变的气候，干旱、炎热，或者是轻微的寒冷它都能应付得了，它最早被欧洲人带到了南亚的印度，当地适宜的气候，使它很快就在印度安了家，并也在当地逃逸到了野外。这种南瓜随后经由缅甸，再通过云南传入中国，因此得名"印度南瓜"。在中国，西北和华北地区是这种南瓜栽培最多的地区，它和先来的南瓜在地理位置上遥相呼应，这样一来人们又给它起了个与南瓜相对的名字：北瓜。

南瓜和北瓜在外貌上很相似，但南瓜的果实大多是球形或者是扁圆形，而北瓜的样子就变化多端了，有桶形、长圆形和葫芦形，还有的种类瓜形扁圆，上下两部分却有两种不同的颜色。北瓜在各地名字也异常混乱，玉瓜、筍瓜、笋瓜、大瓜等都是它的名字。尤其在一些地方，因为西葫芦的分布范围与北瓜相仿，而且两者瓜形又较为近似，于是也会把西葫芦叫作北瓜。混乱的形状和混乱的名字，使得人们很难区分它们三者，于是在1988年颁布的国家标准GB 8854-1988《蔬菜名称（一）》中便采用"笋瓜"作为北瓜的正式名称。

在欧美，南瓜类蔬菜的名字也是一团乱麻，他们按照果实的成熟期分为"summer squash"和"winter squashes"。"summer squash"一般指早熟的品种，指一般有吃嫩果的西葫芦和一些早熟的南瓜；而"winter squashes"则是晚熟的品种，大部分吃老果的西葫芦和北瓜（笋瓜）都属于这个类型；至于"pumpkins"这个词，则是长相扁圆的南瓜和北瓜的统称了。

南瓜们样子多变，种类也异常繁多，究竟用何种方法才能把它们分得开呢？其实它们的关键区分点在瓜柄。瓜柄最有特点的是南瓜，它的瓜柄上有五条棱，在与瓜连接的部位，瓜柄会膨大成为一个五角形的柄座；西葫芦和北瓜（笋瓜）则没有这个膨大，但是西葫芦的瓜柄会有和南瓜类似的五条棱；北瓜的瓜柄就自然平滑很多，既没有膨大的柄座也没有明显的五条棱。在吃法和栽培上三种"南瓜"也会有不同的特点。西葫芦自不用讲，人们多采摘它的嫩果来吃，水分大、质地脆嫩是一大特点；在长期的栽培过程中，因为可以及时采摘嫩果，人们选育出的嫩果型西葫芦都是矮化类型，这种类型的西葫芦不会长出攀爬的长蔓，而只会生长成矮矮的一丛，花朵和果实就生长在缩短的茎上。南瓜则喜欢攀爬，五角星形的叶片上会在沿着叶脉的地方长出白斑；南瓜的枝条柔软，长着柔毛，嫩嫩的枝条顶端，摘下来就是菜场早市里的"龙须菜"；南瓜的果实个头有大有小，嫩果也能吃，老果也美味。北瓜（笋瓜）的个头最大，尤其在北方，它的叶片和茎蔓长得都比南瓜粗壮得多；笋瓜结果多，或者是结果个头大，世界上个头最大的果实应该非它莫属，因为人们培育的巨型笋瓜，平均重量可以轻松达到400公斤以上；笋瓜的瓜肉水分含量低，口味也是众"南瓜"中最甜的种类，它耐储藏，自然也是冬天少不了的菜品。

如果说到南瓜的其他用途，大多会想到西方万圣节上的南瓜灯，雕刻成鬼脸的南瓜，橘红色的瓜肉在瓜肚子里的烛光映照下，透出"诡异"的红色。万圣节源自生活在苏格兰、爱尔兰的凯尔特人，他们认为十一月是冬天正式开始的时间，并把十月的最后一天作为亡魂回归的日子。于是这一天，人们会掏空萝卜放上烛火，用来装扮成那些生前与恶魔有过契约的孤魂野鬼（Jack-O-Lantern）以驱散恶魔。这个传统被爱尔兰人带到了北美，他们发现用南瓜雕刻之后的效果要远强于萝卜，于是万圣节的南瓜灯就这样流传开来。

关于如何吃"南瓜"，想来每个人都有自己的菜谱。北方人称质地柔软无渣为"面性"，"面性"好的北瓜适合蒸着直接吃，味道醇厚香甜；或者煮在粥里吃，米汤与"金瓜"相得益彰；或是炖菜吃，微甜的瓜肉会给一锅菜平添不少鲜与色。我倒是欣赏一道极其简单的"南瓜汤"，初尝是在朋友家中做客，在晚饭尽饱之时，一锅鲜汤上桌：食材极其简单，只是拿切块的南瓜与水炖煮至绵软，起锅时加少许提味的盐，撒少许压味的葱花，在清亮的汤面上淋些明油。盛一碗温热的汤，虽仅有淡淡瓜香，入口却鲜甜沁人，于是暗自心想，这便是瓜的本性。

葫芦与瓠子

　　仔细想想，现今的葫芦已经不太多见。儿时特别喜欢葫芦，因为一直很好奇葫芦那个细瘦的腰是怎么长出来的。葫芦不与瓜一般笨，也许就是因为那曼妙的小腰，挂在藤上摇摇晃晃让人怜爱，搁在桌上又四平八稳的有几分庄重。大约在十岁的时候，我看到邻居家房檐下挂着几个灵巧的葫芦，便拉着母亲想要，母亲拗不过我，便和邻居讨要了一只。这只葫芦深得我心，成天拿在手里当玩具，可惜一个不小心，来了一个"瓜熟蒂落"，葫芦翻了一个跟斗碎成了几瓣。我哭着让父亲帮我用胶粘起来，父亲抹了抹我脸上的泪珠子，安慰说葫芦碎了不要紧，葫芦碎了还有肚子里的葫芦籽，天暖了就能种，还能越种越多。

　　然而身居城市，是没有闲地方种葫芦的。次年的春天，父亲答应我种葫芦的事情后，便趁着清明回老家把葫芦种子带给了大伯。大伯的院子不太大，葫芦就种在靠屋墙的向阳地里。四月过了谷雨下种，浇足水，不久小芽就顶着壳出土了，两片子叶对托着，大伯怕院子里跑的鸡啄了，用葵花杆子密密地围起来。小苗长出几片叶子之后，茎节上的须子会探着葵花杆子歪歪扭扭地爬。七月初，我放暑假回老家的时候，葫芦苗子也有一人多高了，依靠在大伯拉到瓜架的绳子上。

小葫芦爱水也爱肥，腐熟好的粪水浇几次，它就打满了精神地爬上了架子，长着浓密柔毛的叶子密密麻麻地缀满架子，很快就遮起来半边荫。葫芦花就长在藤蔓的叶腋上，挑着长长的花梗探出叶丛，结出一个一个的银珠子一样的花苞。葫芦开花很多人都注意不到，因为它的开放是躲在夕阳西下的影子里的。天光渐暗，紧裹的"银珠"开始膨胀，五片湿润又带着银星的花瓣舒展开来，一丝幽幽的香味就会缭绕在葫芦藤间。如果是望月夜，圆镜儿一般的月轮会在太阳西沉后爬上天空，月光越来越亮，屋檐边的葫芦架上就开始闪动着点点白光。葫芦的花瓣虽然轻薄，但是在花瓣里富含着透明的气泡，这些气泡漫射着月光，使得原本不会发光的花朵在浓重的夜色里罩着一层银辉。葫芦很聪明，它不同其他植物一起在日间抢夺传粉的蝴蝶和蜜蜂，而是用这弱光和香味在夜幕里独占那些夜行的虫儿。

然而葫芦的白花就只开这一夜，到第二天太阳升起后便不堪日光的暴晒而逐渐凋谢，每一夜的花朵都与昨日不同，花的短命让人怜惜不已，如此，葫芦花却摘得了"夕颜花"的名号。在日本的《源氏物语》里讲到这样一个情节：源氏所喜欢的这个乳母邻家女儿，名叫夕颜，其人其命如夕颜花，卑微却可爱，桃李之年凄冤消殒。于是夕颜花暮开朝落，浪漫的情怀中也略显悲伤了。

儿时的我哪里会顾忌到如此文雅的事情，只是这日日开花日日落，在架上的葫芦藤间却看不到心仪已久的果实。葫芦藤蔓长到一定茂密，就要开始"打顶"。葫芦的花与普通植物不太相同：一根藤上会开两种花，长着细长梗的花是雄花，花内只有产生花粉的雄蕊；而可以结果的是雌花，雌花并不显露，长着粗短花梗的花朵就密没在叶丛里。葫芦主茎上雌花很少，最先开花的是雄花，月光下引诱飞蛾的便是它，结果的雌花长在分枝出来的侧蔓上，一般连着长出两个到三个。雌花在侧蔓上显露之后便要将这条侧蔓的蔓尖摘掉，这就是"打顶"。每棵葫芦藤上，一般只留固定数目的雌花，待到这些雌花授粉结果之后，再长出来的也要一律摘掉。

　　葫芦的雌花大多藏在浓密的叶片附近，只有茎尖上的才有机会探出来。雌花样子基本和雄花类似，只是在花朵的下面会长着像小葫芦形状的子房。清晨，雌花在雄花之前凋谢，如果授粉不成功，"小葫芦"便和凋谢的花一起脱落；若是授粉成功，"小葫芦"会逐渐膨大，并悄悄地下垂，悬挂在藤叶之下。大伯的肥水给得足，架子上的葫芦也逐渐多起来，看到葫芦的样子我才明白葫芦的小腰是天生的，而不是人们用绳子刻意扎出来的。嫩葫芦生长很快，幼年的葫芦果上长着和叶片一样浓密的柔毛，暗绿色的葫芦皮上，还有不甚明显的花纹。葫芦果实的成熟，需要持续且漫长的炎热天气，于是直到我暑假结束的时候，这些毛头小果子还在长个子。葫芦的完全成熟要等到果子的颜色由暗绿变白，代表幼年的柔毛全部退去才可以。只是我无法看着它们成熟，心里有些不甘，直到临近霜降的时候，老家的亲戚才帮我捎来几只长相极其端庄的葫芦。

　　风干的葫芦可以保存很久，儿时的兴趣庞杂，大伯种出的葫芦摆了几年便嫌占地方又荡土也忘记了去向。葫芦在我的记忆里沉淀了很久，再次注意到的时候，是在一位朋友家里用餐的时候。那时朋友做了一碗汤，淡黄色的鸡汤里煮着鸡肉丸子和一种淡绿色的蔬菜。汤的味道很浓郁，汤里的蔬菜入口仿佛似冬瓜的甜淡，吃起来却有丝瓜的清爽柔韧。我好奇地问朋友这蔬菜是什么，他告诉我是瓠子，原来一直耳闻的瓠子便是这个味道，我有点吃惊，因为我还明白这瓠子瓜和儿时心仪的葫芦是一脉的亲戚。

　　人们栽培的葫芦一般分甜葫芦和苦葫芦，苦葫芦因其味苦有毒而不能食用，清淡微甜的瓠子便是甜葫芦种类中被人当作蔬菜的一类。瓠子与葫芦的枝叶完全相同，只是果实的形状有较大区别，瓠子果实细长，外形如光皮的丝瓜。瓠子的吃法也和丝瓜类似，人们只摘食嫩果，削去皮刮去瓤，切丝切片和辣椒或者是荤食一起炒食或是炖煮便很美味。老熟的瓠子瓜虽然不能吃，但是果实里的葫芦籽却是不错的零食，在烧热到微有青烟的生铁锅里炒熟之后，会有一种别种瓜子所不具备的特殊香味。说到葫芦籽，朋友还笑道，说他母亲不许他多吃，说吃多了会长难看的大板牙。听到这里我想起了《诗经·卫风·硕人》里赞扬美人的一句："手如柔荑，肤如凝脂，领如蝤蛴，齿如瓠犀，螓首蛾眉。巧笑倩兮，美目盼兮。"齿若瓠犀，若是朋友不与我讲他的故事，大约能想象得出美人微笑露齿与略微方扁洁白的葫芦籽之间的确有异曲同工之妙。可惜如今，那大板牙的"典故"深入人心，当我再度读到这句的时候，心里便不忍窃笑起来，让人觉得有些亵渎了古人的形容。

古人用葫芦籽来形容美人之齿，看得出葫芦在中国的栽培历史的确悠久。先秦时期的《诗经》里葫芦算作"常客"，"七月食瓜，八月断壶"讲的就是葫芦的采摘时间；而《诗经·小雅·瓠叶》中有："幡幡瓠叶，采之亨之"，则记载了瓠子的叶片曾经被人们当作蔬菜。《诗经》里关于葫芦的名字也很丰富，"瓠""壶""匏"都是葫芦的名字，并且从不同的名字我们知道当时的人们不但栽培葫芦，而且还细分出了几个不同的品种类型。

在考古学上，葫芦的出土遗存要远早于确切的文字记载。河南新郑裴李岗距今七八千年前的新石器遗址中就出土了葫芦皮；在稍晚一些，距今七千年前的河姆渡遗址也出土了葫芦皮和葫芦籽。葫芦在中国的栽培之久远，让人遐想十分，于是根据考古，很多学者曾经误认为葫芦的原产地在中国。然而事实上，关于葫芦原产地问题并不是那么简单，在北非的埃及，四千年前便把葫芦当作随葬品，当作法老使用的器皿；在非洲大陆，很多民族都在使用由葫芦制作的盛水器。但是最让人摸不着头脑的是在墨西哥，在墨西哥的高地上，竟然出土了有着七千年历史的葫芦遗存。这种现今遍布世界各地的植物，难道在遥远的史前时代都不约而同地被人类所驯化栽培？但这个问题的关键之处出现了一个无法解决的难题，这就是葫芦的起源。因为葫芦的极强适应性，到如今，葫芦这个物种虽已辨识出三种原始栽培类型，但葫芦的原始野生种依然没有被人发现。于是葫芦究竟是从哪里来的，对于现在的我们依然没有一个准确的定论，人们只得从它野生的亲戚入手，那些生长在非洲南部，尤其是在津巴布韦附近的葫芦属的几种野生种似乎能从某个侧面证明，葫芦的原产地或许就在附近。

葫芦最早并不是当作食物，把葫芦的嫩果当作蔬菜食用的只有中国。在所有种植葫芦的地方，人们都是把老熟的葫芦果实用来当作容器使用，这是因为老熟的葫芦果皮结实耐用而且不透水。在中国，先秦时代就把葫芦分为"壶""瓠"和"匏"三类，其中明指可以食用的是瓠，如今人们依然把可以食用的葫芦嫩果叫作"瓠子瓜"；匏出现得也很早，《诗经·邶风·匏有苦叶》中有："匏有苦叶"的说法。详细指明三类葫芦形态和用途是明代的李时珍，《本草纲目》里根据果实的形状详细划分成五种：果实粗细大体一致，细长如越瓜的为瓠子；若形似瓠子但是有明显的细柄为悬瓠；果实浑圆而无柄的叫作匏子，若圆肚子的匏子有短柄的叫作壶；最后一种是上下大中间有细腰的则叫"葫芦"。

瓠子做食不必说，其他几种葫芦多是用来做容器的。《本草纲目》里讲到"壶，酒器也；卢，饭器也"，这是李时珍从其字意来推敲其用途。整个的葫芦带柄且口小，是非常适合做盛水器的。小口的水器有一个很明显的好处，就是装满水之后如果不小心碰倒，水不容易马上就撒光。至今从非洲到亚洲乃至美洲，小口的葫芦都是被当作盛放液体的容器。在古人看来，比水更金贵的是酒，于是天然小口的葫芦是最佳的选择。"壶"字被猜测是葫芦的象形字，它不但与"瓠"同音，而且它所指的器物形状就是类似于葫芦的小口容器，酒这种珍贵的液体自然要盛放在葫芦里，于是便有了酒壶这种酒器。整体的葫芦可以按照不同形状剖开使用。圆肚子的匏子，横着切开便是碗的形状，切开后宽阔的口可以放很多固体的东西，匏的底部是平的，可以非常稳定地置放于桌上。碗没有把手，不好拿，把带短把的匏子竖切两半，则成了两个"瓢"。瓢与碗相比的最大好处是多出一个把手，这样舀水或者扖（kuǎi）固体的时候便可以不让水或者其他东西粘到手。两个瓢合起来又是一个完整的葫芦，这个合二为一的动作叫作"合卺"，合卺意味着圆满，于是在古时的婚礼中夫妻须饮合卺酒来象征阴阳和谐。最早是用双瓢衔接成相通连的酒具，后世则发展成交杯酒，而"合卺"也成了婚姻的代名词。若是将"匏柄"的位置切开，就变成了一个大腹而口小的"卣"，它的形状和壶类似，但是口比壶略大，这样更容易从中把液体倒出来。"卣"的由来也算有趣，在甲骨文里有一些类似"6"或者"9"形状的符号，很多学者便猜测这些符号便是与葫芦有关的"卣"字。卣有宽口，再以纵切便得到"匜"，匜这种器物很独特，前有瓢一样的舀水口，后有窄的出水口。在筷子出现之前，古人吃饭是用手来抓食，于是饭前必定要洗手。用匜来洗手很方便，捏住出水口舀水，而后反向倾斜从出水口流出窄水洗手，这样不但可以洗净双手，还可以防止脏水倒流污染水源。之后出现了带把手的匜，这样可以由侍者倒水来洗了，功能虽然稍变，但是形状却保留下来。于诸上用途，古代的葫芦涉及人们生活中与各种"流体"打交道的器物，甚至很多使用器物的原型就是葫芦本身。

葫芦不但可以用作食器和盛器，肚大浑圆的它还有其他用途。成熟干燥的葫芦，坚硬且密闭，内容充满大量的空气，葫芦又显木质，可以浮于水上。人们利用葫芦的这种特性，将数个葫芦系于腰间，这样泅水或是打鱼都可以把葫芦当作天然的救生衣。传说中的八仙要渡东海前往仙山，铁拐李的葫芦不就是他的渡海用具嘛。葫芦口小腹大，人们喜欢把东西藏匿于葫芦中，这样就算打开口也很难看到内里的东西，这个用途使得人们喜欢把所谓的"仙丹""妙药"藏于其内，而后葫芦又做了"仙丹妙药"的代名词，于是旧时的药铺的门口，都会悬挂葫芦或者葫芦形的木板来做幌子（招牌）。葫芦的用途总是得益于它口小腹大，被古人当作乐器也是因为这个道理，葫芦浑圆且不透风的腔体，可以约束腔体内空气的振动，这样通过改变腔体内空气振动便可以发出声响。最原始的"乐器"算是葫芦哨子，把嘴唇堵在葫芦细口的特定位置，用力向葫芦内吹气便可以发出响亮的声音。至于在葫芦上开洞再发声，我们可以猜测这种乐器很可能是陶埙的鼻祖。至于后来出现的芦笙、葫芦笙等葫芦乐器，它们的构造中都含有葫芦或是葫芦形的共鸣腔。还有一种和葫芦有关的乐器就是沙锤，这种神奇的节奏性打击乐器是源自南美洲印第安人手中的葫芦。一只普通带柄的成熟葫芦，只要充分干燥之后，不需其他加工就是这种乐器的原型，不信可以摇一摇，葫芦内干燥的种子和葫芦壁来回撞击的声响不就是沙锤发出的有节奏的"沙沙"声吗。

疆场有瓜

217

葫芦的用途有如此之多，大概详写下去要费去很多篇章，如此这样也说明它与人类的依存是相当密切的。在这个世界上，我们发现了有趣的规律，几乎每一个古老的文明似乎都伴随着葫芦的足迹，不管这个文明身处何处，在它的角落里都会有葫芦的印记存在。旧大陆上文明中存在的葫芦们之间的联系虽然还不明确，但是它们必定一脉相承。而曾经与旧大陆阻隔的美洲新大陆，那里的人类文明在一万多年前的史前就与旧大陆相分离。在美洲大陆文明里，他们的粮食、蔬菜以及瓜果，都是完全不同于旧大陆的，但只有葫芦是一个例外，它是美洲文明里的例外，但却是人类文明中的一个高度的一致。早先人们猜测葫芦是如何传播到美洲的，根据它坚硬的外皮，人们想象它可以依靠海水来传播种子，但是葫芦的生长范围却与盐碱的海岸地区相悖。于是人们只得审视自己，因为这个人类文明的"伴随者"，很可能就是人类自己依靠着葫芦对我们的帮助而把它带到了世界各地。如果这样理解的话，葫芦就是人类驯化和栽培的第一种植物，它和狗一起，在完全没有任何文明记录之前，就已成为这个自然界中最早与人类共生的"朋友"。或许葫芦和人类的关系更早于狗，如果现在人类的祖先真的起源于非洲，那么葫芦便是见证人类走出非洲，进而到达亚洲、欧洲，进而到达东亚，穿越白令海峡再到美洲的物种。这些人类的先祖身上都会带着一样东西，那就是被人们所使用的葫芦。

在我看来，葫芦是具有灵性的生命，它的神奇之处就是在人类开始使用工具的那一刻起，它便为人类伸出了手。葫芦巧妙的构造让人利用了它，进而为人所播种，我们现在已经无法得知葫芦最初的形态是什么样的，或许它的皮很薄，也或许只是草原灌丛里不起眼的一个硬瓜。葫芦随着人类的发展而繁荣、变化，变厚的皮可以让硬壳更结实，多变的形状可以让人们做出不同器具。但是人类文明发展到新的层次之后，新的材料和新的用具逐渐替代了一年一产的葫芦，葫芦的用途也越来越微弱。它与人类之间的那份灵性也逐渐消退。就在这个古老物种逐渐"衰老"的过程中，我们这些曾经或者现在依然得到它恩惠的人们，该如何再去审视它的存在？

如今我已经很少能看到攀爬的葫芦了，只是偶尔在文化宫的跳蚤集市上看到些烫画之后被当作艺术品的葫芦，心里却觉得越发陌生，一个个外皮被抛净到光鲜亮丽，却僵硬地失去了生命本性的灵气，显得笨拙和木讷。它现在的使命仅剩下摆在橱窗里被观赏，而这些已经脱离于生命轮回的葫芦，还能否再次伴随人类文明的足迹？

我有旨蓄

北方的冬天是漫长的，从十月底霜降的百草衰败开始，到次年三月末春分的春雨初降，这长达五个月的冬天着实让人蛰伏。低沉的寒气，把空气凝固在靠近地皮的地方，冷风直从脚底下蹿上头顶。小时候最怕冷，每次出门走远了便哭着喊脚冷，回家母亲坐在床上把我冰冷的脚抱在怀里暖着，生怕体质虚弱的我患上肺炎。儿时对冬天的记忆少得可怜，对景物的记忆就是可以靠暖窗台的白花花的阳光。冬天里的阳光没有多少生气，有时候只像蒸腾的雾气一般，看似温暖却实则冰寒，它能暖和的只有我身上乌黑棉袄上胸口的一小块。其他的记忆就剩下吃食，冬天里蛰伏孩子的眼里，只有冒着热腾腾雾气的食物才是最实在的。

冬天吃的东西不甚丰富，菜窖里藏着立冬时候买的大白菜，用破棉花绒毯子盖着，嫩黄的叶子上还结着水珠子。灰头土脸的马铃薯搁在菜窖的土洞里，土洞里潮气足，马铃薯们长出细长的白芽，每次下菜窖都要把长到半尺长的芽掰掉。家里的立柜顶上是母亲秋天蒸的西红柿土罐头，有的胶皮塞子有些开裂，像一朵一朵花菇，母亲每天都检查一遍瓶子是否漏气，若是有些封不死的，便会倒出来做浇面的西红柿卤子。红薯算好吃的，但是红薯怕冷，放到菜窖里会冻出黑斑，放到露台上又容易失水干硬，于是父亲从不多买，不多时便吃光了。从老家带回的搅瓜立在门后面，于是天天晚上都是煮得金黄的稀饭，我总怕喝稀饭，害怕南瓜吃多了脸变得蜡黄。家里厨房的门背后还挂着一只硬捆扎带编的篮子，里面装着些干菜，干扁豆茄子什么的，只有家里买肉的时候它们才会派上用场。

母亲每次买肉，喜欢多买些板油，切成小块加水文火耗出猪油。肥五花也是好的，炒小炒肉的时候多煸一会儿，等肉出锅时便有厚厚的一层香脂油裹在肉汤上。抓一把黑乎乎干透的扁豆，泡在水里发足，下滚水锅里焯到半熟，攥去水分便可以和小炒肉一起烧，小炒肉上厚厚白油不能少，一阵小火慢炖，扁豆干吸饱了油，黑亮的豆荚上闪着油星的时候拿来下饭最是滋味。我特别喜欢猪油，会把菜汤上的油水用调羹撇到饭里，米粒吸得油亮，就着韧劲十足的扁豆荚，呼噜呼噜地一碗饭就下肚了。

干茄子也可以和小炒肉一起烧，不用放任何调料，让肉汤和油饱饱地吸在茄子肉里。干茄子与普通的油焖茄子口感不同，它不似鲜茄子那样软烂，却也没有扁豆干那样的韧劲。它比肉更好吃，有些像肥而不腻的五花，入口一嚗，竟然就这样化掉了。干菜与小炒肉是百搭，什么干菜都好，干豆角有嚼劲，干瓜条软而不烂，干菜梗咬下去吱吱作响，而梅干菜则鲜咸十足，甚至盖过了肉的风头。

然而干菜并不是什么神奇的吃食，它们只是干到极度贫乏，只有猪肉的肥油肉汁才能救得了它们。

冬天的匮乏，造就了干菜，而准备这一切都在夏末和初秋。

对于北方来说，七月末雨季结束到九月中旬秋雨初来之间是一段较为晴朗的日子，这得益于中国独特的季风气候。八月初秋，各种瓜菜已经开始大量上市。初秋的茄子还未老，正是晒茄干的好时节。黄瓜、南瓜开始成熟，切条或是削成厚片也能晒瓜干。扁豆、芸豆果实也是大量上市，一过处暑，芸豆的豆荚就会长出厚厚的硬皮。芥菜梗和雪里蕻则要等到九月才能上市，芥菜疙瘩腌酸菜，缨子可以阴干做成干菜梗。最后可以做成干菜的就是成熟最晚的小白菜，东北人叫这种小白菜为"秋巴老"，肉质虽粗，但是晒出的干菜却很好吃。

晒菜干看似容易，实则不简单，因为每种可以晒成菜干的蔬菜质地和水分都不尽相同。这晒菜干并不是简简单单地把菜切开直接靠着太阳晒，晒不好的菜干像秋风梳理的干草一般，枯黄得只剩一挺干尸。

水分较少的南瓜、搅瓜和豆类最容易晒。成熟的南瓜水分最少，外皮也相对较硬，老家把吃不完的南瓜切成几份便可以放在谷子秆扎成的箅子里晒，晒干的南瓜有些像杏干，虽然很硬但不会脆裂。芸豆角和扁豆角要摘嫩果子，老了就不能晒干，因为老豆荚一晒便会干裂崩豆子，那收的是豆子而不是干豆角。芸豆和扁豆最好上锅蒸一下，去去生气，之后便可以散开摆在箅子里在阴处晾干。

新鲜的黄花菜也要蒸透才能晾晒，因为它和豆荚类似，蒸制的过程可以破坏掉有毒的毒素，从而保证制好的干菜不会让人食物中毒。蒸制的时间也要把握好，蒸太久了蔬菜变得稀烂就无法晾成菜干了。

水分较多的是茄子、萝卜还有青椒。这几类蔬菜的水分比例较大，直接晒会使蔬菜中的水分迅速脱离，同时阳光还会促使菜干中的营养物质以及叶绿素分解，暴晒的菜干发黄，也完全失去了味道。茄子可以切条切片，萝卜则可以切成长条，而青椒剖成四瓣。茄子两面要蘸些面粉，这样可以防止茄子发黑。将茄子片、萝卜条、青椒瓣穿在棉线上，挂在通风的阴凉处慢慢阴干，等干到只剩一两成水分的时候，便可以收起来。茄子和青椒不能干透，干透的菜质地干脆，贮藏的时候很容易碎掉。

水分最多的是菜梗和黄瓜，尤其是黄瓜，它的水含量在90%以上，随意让太阳晒就会晒成空壳。菜梗比黄瓜稍好晒些，先把菜梗洗干净，放在向阳的台面上晒去一成水分，此时的菜梗已经发软打蔫。把晒软的菜梗拿到阴凉处，倒挂在绳上，让它慢慢失水阴干，同样不能干透，干透的菜梗不但容易碎，还很容易回潮发霉。晒黄瓜条则要借助于草木灰，选择相对老一些的黄瓜，剖开两半，将切开的一面粘满草木灰。碱性的草木灰可以吸收黄瓜中一定的水分，同时它可以裹在瓜瓤之外，防止水分过快蒸发。沾满草木灰的瓜条不能暴晒，而是用线穿起来挂在温度较高的阴处，让水分慢慢流失，这样晾好的瓜干色泽变化不大，口味也很柔韧。

除了一些质地纤薄的绿色叶菜并不适合制干外，大多数蔬菜都能晒制成菜干。对于绿色叶菜类的蔬菜，人们往往会先用盐分将蔬菜进行简单的腌制，然后再蒸制后晒干，这便是最简单的腌菜干。干菜最大的特点是保存时间长，相对于发酵以及腌渍后的蔬菜，干菜可以保留一些蔬菜原本的味道，但因为干制过程中蔬菜失水造成大量营养物质被氧化，干菜的营养成分在某种程度上远不及发酵蔬菜，尤其是维生素和一些生物碱，往往在蔬菜干制的过程会被空气中的氧气氧化殆尽。

然而有些干菜却依然博得人们的喜爱，甚至成为一种特色美食，这就是笋干和贡菜。笋干晒制也分两类，一种是用鲜笋直接蒸透，然后晒制或烘干成笋干，这种方法可以保留笋最原始的风味，玉兰片便是这种笋干的代表。其次是将笋进行腌制，糖渍或腌渍之后做成的盐笋则可以为笋添加风味。贡菜则是另一种别具风味的干菜，它形如玉带，碧绿且柔韧。食用之前先用温水发开，洗去黏液与苦汁，切成寸段或是加糖盐葱姜调味成清爽凉菜，或是与肉丝芙蓉快炒。贡菜不似其他干菜需要肉汁的滋养，它拥有的本味连酱醋的味道都嫌多余。很多人好奇贡菜究竟是什么蔬菜的菜干。原来贡菜是一种叫作"苔干"的莴笋品种晒制的菜干，这种莴笋形状细长，与普通莴笋水足肥大不同，苔干的质地紧实而味苦。采来新鲜的苔干用刨刀刨成长条，悬挂在通风阴凉处阴干即可。贡菜质地香脆，亦得名"响菜"。

"我有旨蓄，亦以御冬。"古人为了留住时间的脚步，想尽各种方法保留夏秋味美的蔬菜，或是干制，或是腌渍。然而在如今冬日菜市场上丰富的鲜蔬之间，这些古人为了留住美好而使用的方法，在我们看来它已经是对记忆的封存，对逝去时光的驻留了。

时园杂蔬

藜草之羹

　　苦等了一个春天的雨，终于还是没有下，于是就这么干巴巴地迈脚进了夏天。"春旱不算旱，夏旱减一半。"北方春天少雨，其实是常事，唯一的缺点就是容易造成土壤墒情不好，延误了上种的时间。春旱对农作物有影响，对空地里的杂草也有影响，黄土高原上多风，若是春旱杂草生发得慢，必定起风便有沙尘。城市不太怕扬尘，如今的城市都在积极提倡绿化，但凡裸露的地面上都会覆以整齐的草地早熟禾或是马尼拉草。这些干净整齐的草坪草倒不会在乎春旱，一打入春，园林工人们便在草坪上铺设胶管，喷灌也好滴灌也罢，都是管饱的事情。水好自然养人，草坪草绿得诱人的同时，本土"居民们"也会繁荣。傍晚路过的街边草坪上，小苦荬和蒲公英的花都开满了，草坪拐角的几棵灰藜竟然也有一尺来高，而它们荒地里的亲戚们恐怕因为缺水，到现在还没来得及发芽。

　　可惜杂草们并不占便宜，几日之后，这片草坪上便

"尸横遍野"，这里早就不是它们的家，哪里还会容许它们在这里出现。看到躺落在墙角的灰藜，大约也没有什么伤心的想法，倒是让我想起了儿时在老家打猪草的时候。这个"时候"大约是上小学的时光，暑假父母工作忙，姐弟俩无人照看，父亲便把我们送回老家。虽说七月不算农忙，但是农活是不会少的，我和姐姐是不需做农活的，吃饱喝足了自己玩高兴就好。

　　打猪草是我自告奋勇的事情。那时大伯家里会养一口猪，猪食多是泔水拌糠。每次下地回来，大伯还会打些灰灰菜喂猪。灰灰菜便是灰藜，因其叶片肉质灰绿而得名，我得知猪爱吃这个，觉得打猪草这个"借口"让闲得发慌的我在荒地里有事情做是一桩不错的"买卖"。猪可以吃的草其实挺多，但是最喜欢的还是灰藜和稗子。稗子地头比较多，尤其是玉米地里，因为间作芸豆的缘故，稗子似乎极其繁盛。灰藜则是坡地上多，那些晒得冒土烟的干土坡上，净是半人多高的灰藜。说是打猪草，其实就是拔，稗子和灰藜高大，不用工具，只需撅起屁股使劲就可以，拔起来跺跺根上的土坨，塞进蛇皮袋里就好。午后是不能出门的，让太阳晒破皮是常事，太阳将要落西的几个钟头里，多半蛇皮袋的草就够猪吃了。带回的草合不合猪口，从猪吃食的样子便可知晓，倘若它低头嗅嗅默默地吃，定是它只为了填饱肚子；要是撅起鼻子哼哼几声，吃起来仰头甩耳朵的架势，那它才算吃得高兴。看着猪吃得高兴，我便兴起问大伯人能否吃灰灰菜，大伯应答说能吃，只是这东西有"硝"，人吃多了会肿脑袋的。

　　猪虽然爱吃灰藜，但是荒地里常见的藜类植物并不是都能喂猪，大叶藜和长在盐碱地上的滨藜都是不能采来喂猪的。大伯特别讲的几样毒草我也谨记，生怕让猪吃坏了肚子。尽管如此，打猪草的时候我还是闹了笑话：一次贪玩，猪草并未打够。此时正好路过村旁碎田的时候，我看到几棵长得很茂盛的"藜菜"。这种"藜菜"虽已长出高穗子开过了花，但是杆子粗壮还饱有不少的水分，我看与灰菜相似，便不由分说拔了两棵回来。大伯看到了猪食槽里的猪草，忙问我这菜是哪里来的，我说村边呗，大伯一听，笑着拍了一下我的后脑勺说：傻小子，这哪里是草，这是人家留籽用的菠菜！

的确，菠菜和灰藜正是一家的亲戚，于是长相类似是在所难免的事情。与无名的灰藜比起来，菠菜算是家喻户晓的蔬菜。梁实秋在《雅舍谈吃》里谈及北方人吃菠菜，在其旺季往往一买就是半小车。菠菜吃起来极其简单，过滚水一焯，不要等菜棵太软就要捞起来，过凉细切，生抽老醋加些盐调味，老醋要多一点，再加两瓣捣碎的蒜，微酸爽口正合餐前开胃。汪曾祺笔下的拌菠菜要精致许多，焯水至八成熟，切碎挤去菜汁并在手中攥成宝塔状，香干末、虾米、姜末、青蒜末用手捏紧分层盖在"宝塔顶上"，"好酱油、香醋、小磨香油及少许味精在小碗中调好，菠菜上桌，将调料轻轻自塔顶淋下。吃的时候将宝塔推倒，诸料拌匀"。于是汪曾祺吃菠菜的章法算得上是"步步为营"，因菠菜的味道人人熟知，触到这样的词句，作为看客的我也不免涎上舌尖。母亲做菠菜的方法则颇为豪放，滚水焯熟自不必说，加些煮得劲道的粉条，葱蒜末花椒粉辣椒碎撒在菜顶，热菜油一泼，加上三合油（酱油、香醋、少许香油）拌匀，大大的一盆上桌便可以用干烙的饼卷着吃。一家四口吃得菜汁水都浸到了指缝，最后无论如何再加一碗热腾腾洒满胡椒粉的菠菜鸡蛋汤，拍拍肚皮就可以到阳台上晒太阳了。母亲管这吃法叫作"咬春"，虽然比不上立春时正式的"咬春"，但这吃法在清明前后是又实惠又应景的。

从徐和春暖时刚吐叶子的嫩菠菜开始，到谷雨之末最后一茬满是菜汁的长杆子菠菜为止，菠菜的季节就是春天。菠菜一般分为两种，一种是种子带刺，叶片尖尖的刺粒菠菜；另一种是种子光滑，叶片椭圆的圆粒菠菜。刺粒菠菜多为耐寒的种类，上年八九月下种，长到霜降便可以藏在霜下过冬。菠菜的叶片也属肉质，厚厚的叶子被霜打得灰褐而泛红，冬天零下十五度的日子它都照样可以捱着。菠菜的根也是肉质的，虽然比不了萝卜那样肥厚，但忍耐天寒地冻也是有办法的。菠菜根里会存储着糖分，这种对策可以保证它在零下三十多度的严冬里不被冻死。春日回暖，菠菜返青也相当迅速，菠菜回青时比较耐旱，但要是想吃到鲜嫩无渣的菜棵还是要让它喝饱了，此时的菠菜叶大肥美，肉乎乎的叶子上攒着亮星儿。圆粒菠菜生长快，叶子大梗肥，一年四季都能播种栽培。江南的冬天不太寒冷，不管尖叶还是圆叶菠菜都能鲜绿着过冬，只要想吃，随时都可以从田里挖来。

菠菜富含草酸，这也让它有了吃食以外的用途。每年春天收拾衣柜，旧年穿的有些发黄的衬衫被我丢来丢去。母亲总是嫌我糟蹋衣物，她把每次焯完菠菜的半锅绿水并不随意倒掉，而是趁热把我发黄的衬衫泡进去，一顿饭之后，取出洗净，这衬衫又会变得洁白起来。衬衫变白是要归功于菠菜里的草酸，它可以溶解使衣物发黄的蛋白质。母亲并不懂这些道理，但是每次却用得得心应手，在她看来一把菠菜就能解决的事情，就不必再浪费了。

如今人们吃食都越来越讲究精致，为了讲究食物的色香味俱全，人们还把菠菜当作天然的绿色素来给面食染色。其实这个做法的历史由来已久，始于唐代的"槐叶冷淘"，即以绿色的槐叶汁染色的一种冷面。杜甫大爱这种冷面，还赋诗一首称其"经齿冷于雪"。如今菠菜比槐叶更来得可靠易得，于是尝试做"菠叶冷淘"是不是也算附庸风雅的一个做法？

唐人未用菠菜做冷淘，其原因并不是唐人没有见过菠菜。宋王溥撰《唐会要》（成书于宋太祖建隆二年，961年）记载道："太宗时，泥婆罗国（今尼泊尔）献菠薐，类红蓝，实如蒺藜，火熟之，能益食味。"菠薐即菠菜，其名源自尼泊尔古国名"palinga"。由此可见在唐太宗时期，菠菜已经为官方所知。在民间，唐的开放政策也给菠菜的东来铺通道路。唐代学者韦绚在《刘宾客嘉话录》中引用刘禹锡的话讲道："菜之菠棱者，本西国中，有僧自彼将其子来。"菠菜原产自古代波斯，即如今的伊朗一带，在那里，菠菜的栽培已逾两千多年的历史。刘禹锡说菠菜的种子是僧人带来的，如此一说菠菜在民间东来的时间或许更早一些。菠菜西至欧洲则是11世纪之后的事情，它是由摩尔人从西班牙传向西欧的。而在意大利，直到16世纪的时候，菠菜还是极其新鲜的蔬菜。《唐会要》里说到菠菜的果实如蒺藜的果实一般长满刺，这说明最早来到中国的是刺粒菠菜，而另一种在欧洲演化的圆粒菠菜则是在近代才被引进中国的。

菠菜耐寒也耐旱，这是因为它继承了苋科藜亚科家族的优良品质。偶尔听父亲讲起他小的时候的事情，菠菜和另一种同是藜亚科家族的莙荙菜曾是村上大队菜地里的主力军。北方春夏常旱，这段青黄不接的时节，恐怕只有菠菜和莙荙菜能接济上一些。莙荙菜与菠菜类似，亦是耐寒耐旱的叶类蔬菜，它个头长得比菠菜高大，只是口感比菠菜差一些。说起莙荙菜，有不少人觉得它很陌生，倘若说起甜菜则大部分人都知道。莙荙菜与甜菜的关系是极为密切的，大约从它们的名字便可一窥。莙荙菜古称"菾菜"，菾字音"甜"，这就说两者名字的发音是完全一致的。其实莙荙菜与甜菜是分属菾菜的两个不同品种：莙荙菜食用叶片，被称作叶菾菜；而制糖用的甜菜，则是糖用菾菜。

时园杂蔬

233

　　莙荙菜的栽培历史相当悠久。野生的菾菜主要分布在地中海周围以及西亚到西南亚一带。在野生环境下，菾菜分为两个野生亚种：阿达纳菾菜和沿海菾菜。两个亚种中分布最广的沿海菾菜是如今栽培菾菜的始祖。栽培菾菜最早可以追溯到古代的新巴比伦王国，当时的人们喜欢把它种在自己的花园里。希腊人也很早种植菾菜，公元前4世纪，亚里士多德便描述过一种颜色艳丽的红色菾菜，而古希腊哲学家泰奥弗拉斯托斯则描述过叶片颜色墨绿的菾菜品种。之后的阿拉伯人和罗马人也都种植甜菜，而罗马人则把菾菜带到了中欧和北欧，或许在这个时候原本根不膨大的普通菾菜演化出了根部膨大如萝卜的根菾菜。

　　菾菜最早在南北朝时期由西域传至西北地区。6世纪成书的《名医别录》里便首先记录了关于菾菜的药用。菾菜凭借其耐碱耐旱的秉性一直居于西北及黄土高原地区，被人当作蔬菜和饲料栽培。唐代孙思邈《备急千金药方》里记录了西北及山西一带的常见蔬菜，其中就有关于菾菜的记载。莙荙菜的名字则始见于北宋，《新唐书·西域记》中有记载有蔬"军达"，出产于大食（今阿拉伯）以东的末禄国，因而可以推测"莙荙"一词是音译而来。到了元代，莙荙菜就正式代替了"菾菜"而专指叶用菾菜。在元代忽思慧编纂的《饮膳正要》里首次记录了"出莙荙儿"，即根菾菜。根菾菜既可食叶，也可以吃它萝卜似的块根，只是这块根的口感远不及芜菁和萝卜，因此人们对于它的栽培记录少之又少。根菾菜绝非现在常栽培的糖用菾菜（甜菜），但是根菾菜却是现代甜菜的直系亲属，正是普鲁士化学家发现根菾菜里含有蔗糖，这才有了现今在北方广泛栽培的甜菜。

如今莙荙菜在菜市场已颇为鲜见，只是偶尔有附近的菜农会摘来自家种的莙荙菜梗叶，扎成小束来卖。虽说莙荙菜的口感不及菠菜那样软嫩，但是细做来吃也算有风味。莙荙菜的叶片和叶梗一般分开吃。叶片略为肉质，表面光滑柔韧，虽有淡淡的苦味，洗净焯水细切来，可炒食可做馅。母亲一般会做素菜盒子：烫面做皮，馅料里加些海米、冬菇、蒜蓉，热锅少油干烙，成熟的盒子便外有焦香，内有咸鲜。菜梗则粗壮微甜，摘去其外棱上的"筋"，切成斜刀便可类于芹菜烹饪。我喜欢把鲜甜的菜梗焯水凉拌，细切些豆腐丝，加花生碎和三合油拌匀，最后淋些麻油即是一道爽口菜。

欧洲人也吃莙荙菜，只不过人家的"莙荙菜"是很有颜色的蔬菜。欧洲的"莙荙菜"被称作唐莴苣，它虽与真正的莴苣毫无瓜葛，但它和莴苣一样是欧洲人喜爱的一种食叶蔬菜。唐莴苣与中国的莙荙菜相比，最吸引人的地方是它颜色丰富的叶梗。根据品种的不同，唐莴苣的叶梗可以呈现出白、黄、红、粉红等颜色，人们喜欢把不同颜色的菜叶扎在一起出售，看上去不但很有卖相也刺激人的食欲。唐莴苣的吃法和莙荙菜类似，只是在微咸的味道里隐含着淡淡的涩味。欧洲人一般会取彩色的嫩叶来拌沙拉，还会加蒜用牛油煎着吃，或者切碎了撒在比萨或者馅饼上增加口味。德式泡菜里也会有唐莴苣的身影，毕竟简单的腌渍不但能丰富口味，还能保存它漂亮的颜色。

与其他蔬菜相比，莙荙菜算是粗菜，平淡无奇的味道让它很少与宴席有缘。偶尔与母亲说起莙荙，母亲也很轻淡地讲莙荙菜只是作为初夏淡季时候的添补和调剂，她们小的时候算是常吃，后来蔬菜种类多了，莙荙就基本剁碎了喂鸡。不过母亲还会笑着和我讲，若是家里种莙荙，那是不占地方的，一家人只需要种六七棵便可以满足日常的蔬菜调剂。莙荙菜只需摘叶片就好，可以从初夏一直吃到深秋。

"粝粢之食，藜藿之羹"，藜与豆藿都是粗淡至极的食物。与父亲聊及家乡的灰藜，也聊到我儿时打猪草的几丝回忆，我便乘兴问起父亲灰藜如何来吃，父亲回答我说吃法其实很粗，仅仅是为了在青黄不接的时候填饱肚子而已。灰藜只能吃嫩梢。春旱结束的时候，不两场雨就让土坡上长出毛茸茸的一片灰藜。用指头肚子掐下苗头的嫩梢，劲量不要带已经发红的叶片，下滚水焯熟，再放入清水漂洗；漂洗几次后，把菜团成团，挤去水分；菜苗放在盆里，拌上玉米面上锅蒸透，浇上旧年腌的酸咸的酸菜卤，这就是一顿饭。我又问：灰藜不是吃多了会肿脑袋吗？父亲点点头说：灰藜有"硝"，吃多了脑袋会浮肿到眼睛睁不开，但是吃不死总比饿死强啊。我默默地点头，心里越发清楚这些藜菜们本没有什么风味可讲，只是这些粗淡的食物才能让人明白何为精彩，越是没有的，才会显得弥足珍贵。

灰藜（*Chenopodium album*），苋科藜属植物。灰藜是欧亚大陆最常见的杂草，它适应性极强，从寒温带到热带都能看到它的足迹。藜属植物的花非常小，细长的花穗往往高过叶子。这种细小的花已经很难通过昆虫来传播花粉，它只能依靠风来传播。图片：Sowerby, J.E., *Coloured Figures of British Plants*, 1863

菠菜（*Spinacia oleracea*），菠菜是苋科藜属植物。菠菜一般分为两类，果实带刺的刺粒菠菜和果实光滑的圆粒菠菜。刺粒菠菜较为原始，因为它保留了其果实最原始的形态。带刺的果实不是防止动物取食，而是通过果实上的尖刺钩挂在动物皮毛上用以传播种子。绘图：王智慧

反枝苋（*Amaranthus retroflexus*），苋科苋属植物。苋类植物是一种极常见的杂草之一，它们分布于全球的温带地区。苋属的植物大多可以用来食用，只是它的口感并不好。反枝苋是中国北方常见的苋属植物，而它也常常被当作揾度饥荒的食物。图片：Thomé, O.W., *Flora von Deutschland Österreich und der Schweiz*, 1885

苋菜，苋科苋属植物。栽培的苋菜是多种野生苋菜的杂交后代。苋菜叶片宽
大而味美，常常在叶脉基部会有红色斑块。在栽培的苋菜中，人们还选育出
叶片具有黄色红色斑纹的观赏种，这种颜色艳丽的苋菜常被叫作"三色苋"
或"雁来红"。绘图：刘慧

马齿苋（*Portulaca oleracea*），它是一种很常见的马齿苋科的野草。马齿苋虽
小，但是强大的生命力使它广布全世界的温带地区。马齿苋富含有机酸，作
为野菜来讲并不是适口的种类，所以马齿苋虽然可吃，但不算美味。图片：
Thomé, O.W., *Flora von Deutschland Österreich und der Schweiz*, 1885

笋即竹萌，它是竹子的嫩芽。笋一般分为冬笋，即冬天藏在土
中的幼芽；春笋，春发长出土面的幼笋，以及长在竹鞭顶端的
鞭笋。绘图：倪云龙

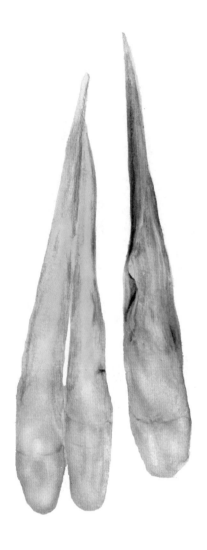

茭白,一种植物生病后发育出来的蔬菜。茭白生于茭草叶片出水之下的缩短茎顶端,被层层错落的叶鞘所包裹,外观上看虽不甚明显,但可以发现叶柄包裹的茎膨大如笋。绘图:倪云龙

山丹（*Lilium pumilum*），百合科百合属。黄土高原的人们十分喜欢山丹，他们常常把开着红色小花的山丹和渥丹（*Lilium concolor*）都叫作"山丹丹"，而前者最为常见。山丹和渥丹的区别是：山丹花瓣外翻，花朵下垂，而渥丹的花朵向上，花瓣不外卷。绘图：阿蒙

卷丹（*Lilium lancifolium*），百合科百合属。卷丹花朵很美，橘黄色翻卷的花瓣
上长满很多暗紫色的斑点。卷丹花朵虽大而艳丽，但是它缺少芳香和花蜜，
这些紫色斑点便是吸引昆虫的招牌。卷丹叶腋长着像黑色种子的珠芽，它掉
落在土壤里也可以发育成新的植株。绘图：阿蒙

百合（*Lilium brownii*），百合科百合属。平时常吃的百合鳞茎多源自百合和卷丹。百合的花朵巨大，带着淡淡的香味，可是它并没有可口的花蜜来招待光顾它的昆虫。然而百合的花粉具有很强的黏性，可以很轻易地黏着在昆虫身上，而它雌蕊柱头上还常常分泌黏液，可以轻易地浸润并粘上花粉。绘图：阿蒙

萱草（*Hemerocallis fulva*），刺叶树科萱草属植物。萱草是一种极为亮丽的花，它是庭院中很常见的观赏花卉。萱草的花虽然美丽，但是它的花却仅仅开放一天，于是它的英文名字为"day lily"。萱草的单朵花的花期虽短，但是它的花很多，从初夏到立秋，萱草的花是不断的。绘图：阿蒙

　　北方干旱少雨之地，春夏之交最苦。父亲与我说起他儿时的事情，往往这青黄不接的日子最是铭心。乡间蔬菜最乏，春芽露头的时候便上树捋杨芽柳芽，回来焯出的一锅绿汤苦不堪言；榆钱洋槐花是甘美之物，却吃不了几时，就随风雨落去了；初种初锄之时有甜苣菜可以下厨，但耐不住季节绵延，两茬过后的甜苣菜也要开小黄花了。初夏时分，若是遇上干旱少雨，菜畦里的菠菜和茖荙无论如何也肥美不起来，于是此时，灰藜和玉谷便成了桌上羹。

　　灰藜口味还算细致，可惜吃多了会引起光敏性皮炎。灰藜本有小毒，被人食用后其毒素会沉积于皮肤下，若是受光照射便会红肿刺疼。庄稼人都要下地的，于是食藜之后头面自然受晒而水肿，因而大家都认为灰藜含"硝"，不能多食。玉谷一名，虽听得精致，却是口感粗杂的食物。玉谷是野生苋类的统称，在我的老家，玉谷常指那些多爱生于路边、田埂或是荒野的反枝苋和凹头苋。

藜与苋都是杂草，虽可食用，它们却很少能登堂入室。《小雅·南山有台》一章有："南山有台，北山有莱。"按照后人解释"莱"即为田中杂草。古人对贫瘠的田地实行休耕制，就是种一年休地一年。休地时任其杂草漫溇，而后将杂草翻入田内当作下年的绿肥。"莱田"便是清除田中杂草的意思。其实"莱"的本意就是藜草，古代"莱""藜"二字音同且通用，《齐民要术》卷十中引陆玑《诗义疏》："莱，藜也，茎叶皆似菉王刍，今兖州人蒸以为茹，谓之莱蒸。"可见古人是重视藜的，还把它当作杂草的"首领"。野苋，古称"蒉"（kuài），《尔雅·释草》中有"蒉，赤苋"，郭璞注，"今人苋赤茎者"。"蒉"还指用草编的草袋子，可以装土用来壅堵流水，于是便有了"功亏一篑"的成语，只是这堵水用的草袋子换作了竹编的土笼子。

"玉谷"一名如何而来，这也无处推敲。父亲说它常生于田地中与粮食们抢饭碗，每次锄地之后，只要几场能湿地皮的小雨都能让它长得快过庄稼。田埂上的玉谷倒是由它生长，夏末的时候，在它半人多高的茎顶上便长出一丛丛绿色的长穗，有些像田里的谷穗，只是不会下垂。谷子熟的时候，玉谷的种子也会成熟，玉谷穗与种子极易分离，用手轻磕长满刺壳的穗儿，就会有很多光溜溜的小黑种子掉落掌心。玉谷的种子也能吃，只是老家的人们从不吃，只会偶尔收来喂喂鸡。

玉谷的叶子是能吃的，虽然口感不好，但是不会像灰藜那样让人中毒。初夏玉谷极易生发，倘若遇上天旱，不怕旱的玉谷苗子会比庄稼长得还高。此时的人们并不急于锄去玉谷，暂时留着可以摘它的叶子来吃。玉谷叶子虽大，但很薄，过水焯食往往剩不下多少。在晋中地区，玉谷叶子有一种很有特色的吃法，就是做"蘸片子"：取豆面荞面放在盆子里，用温水调成面糊；面糊要稠些，打一个鸡蛋给面糊上劲；沿着一个方向用筷子搅动，待到用筷子将面糊挑起后拉丝不断就算好。烧水准备下面，捏起洗干净的玉谷叶柄，放到面糊中蘸取一面，就势连面糊一起置入水中，火要温，水要微开，这样面和菜才不会分离，如此煮满一锅，水沫子噎出锅边就可以捞了。"蘸片子"是算作主食，这种菜面合一的吃法可以节省粮食。玉谷叶子上遍布粗毛，裹上面糊可以让它变得顺滑起来。接下来就在饭桌上摆好各种蘸水：有炒好的西红柿卤子，焆过的葱花漂在鲜红的汤汁里；有刚摘来的辣椒剁出来的老虎菜，绿森森地透着香菜的香气；还有腌得沁出酸的酸菜，一勺香喷喷的热胡麻油浇上去冒出吡吡的酸气儿。一面白玉一面碧的蘸片子搁在盘子里，一家人七手八脚把桌上的蘸水按自己的嗜好调制好，便用筷子夹起一片厚厚的蘸上一圈，搁在嘴里呼哧呼哧的生怕烫了舌头。于是这就是一顿饭，虽不乏粗淡，却吃起来有滋有味。

　　清人吴其浚在其撰著的《植物名实图考》中讲道："野苋炒食，比家苋更美。"我却不那么认为，在北地粗糙的野苋恐怕是他没有尝过的，倒是南方田地里栽培的苋菜才称得上隽永。南方的苋类更多，观赏用的尾穗苋，穗红且长而下垂；皱果苋虽矮小，却叶片大而肥美；绿穗苋恐怕就是吴其浚尝过的"野苋"，味道淡薄却还算鲜细；就连北方瘦弱的凹头苋，在南方也变得水灵起来。南方很早就开始栽培苋菜，在元代初年编纂的《农桑辑要》里就附有

"人苋"的简易栽培法，南方的苋菜我也吃过，口感比北方的野苋细了不少。或许苋菜本来就该嫩食，摘几束红绿相间的嫩苋菜苗下锅清炒，菜翠而汤汁殷红。若以米饭相伴，将菜汁淋入饭中，颗颗米粒被染成诱人的粉红色，顿时开胃不少。

苋菜不只可以嫩着吃，听闻在浙江绍兴、宁波一带有"臭苋菜梗"的吃法。臭苋菜梗是选取生长老熟（即结籽后）的苋菜茎秆，切成寸段，置入特制的臭卤里腌制。腌制好的臭苋菜梗皮色青绿，气味却实在不敢恭维，它与当地的"臭冬瓜""臭芋艿梗"合称"宁波三臭"。臭苋菜梗的吃法也尽显本色，从臭卤坛子里取出的苋菜梗，搁在嫩豆腐上入锅蒸透，便被宁波人当成下饭佳肴，还被称为极其美味的"素鳗鲡"。我虽不曾尝试，但是从"素鳗鲡"的称呼中似乎探到些味觉。鳗鲡即是白鳝，与黄鳝是不同鱼种，鳗鲡极鲜美，肉质也很细腻，那么这样说来这臭苋菜梗便是沾得"细腻""鲜美"二词。

然而苋菜本粗物，其菜梗怎得与鳗鲡同比？原来问题的关键不在菜梗本身，而是在它的腌制方法。臭苋菜梗的鲜味来自臭卤。陈年的臭卤初来自腌久沤烂的咸菜，让其在密闭环境内充分发酵。发酵好的肥腻卤汁中，再加入春笋根或者煮烂的笋来提鲜。提鲜的卤汁还要用烧红的烙铁来"淬卤"，这道工序颇为精妙，虽然在卤汁与红铁块接触的一瞬间会产生各种变化，但我们可以肯定的是，通过这道工序可以使得臭卤中亚氮氧化合物充分氧化，减少卤中散发恶臭的氨气和氮氧化合物的含量，如此这般，卤的味道自然更为醇厚。臭卤不但可以腌制臭菜梗，冬瓜、芋艿梗、豆腐都能入卤腌制，于是这鲜而难闻的味道自然不只臭苋菜梗一家，倒是这味道，竟成为绍兴、宁波这一带的风味了。

《植物名实图考》中提道："人苋，盖苋之通呼。"这样讲来，玉谷也好，家苋也罢都可以称之为人苋。古代有"人苋"与"马苋"并称，那"马苋"则又为何物？

"马苋"其实就是马齿苋。马齿苋虽有"苋"名却和各种家野苋菜非属一类，马齿苋是苋科的近亲，隶属于马齿苋科马齿苋属的小草。马齿苋不与高大的苋菜为伍，肉乎乎的叶子和胖乎乎的茎秆密密麻麻地趴在地上，马齿苋也不怕旱，庞大的根系把土壤中能吸得到的水分都存在肉肉的茎叶里。于是那些旱到连野苋们都扎不下根的土坡上，马齿苋却能一丛一丛地蔓延开来。

因为马齿苋无毒，且广布地球的整个温带地区，这种小草很久以来一直被各地作为草药和野菜。古罗马的老普林尼在他的《博物志》里提到马齿苋可以治疗便秘以及泌尿炎症的功效，并且认为它具有驱邪的力量。而在中国以及整个东亚地区，自古人们都把它当作一种调剂口味的野菜。马齿苋几乎不用栽培，只要有水和肥沃一些的土壤，它就极易生根。菜园里数量最多的恐怕不是蔬菜，而是马齿苋，这种看似不起眼的小草会让清除它的人头疼，因为它的草棵很小，它会藏在不经意的地方肆意散播它的种子。

和很多蔬菜相比，马齿苋的营养价值是略胜一筹的。尽管如此，吃马齿苋的人依然不是很多，这个原因在于马齿苋富含的草酸等有机酸类让它的口味并不好。改善它的口感也倒简单，用热水焯熟之后多在凉水中浸泡和漂洗便可，但是如此一来，它的营养成分也会随之流失，那也就得不偿失了。

山间青笋

　　北方不产竹，那么自然也没有笋，于是我本不知笋的滋味。

　　第一次见到竹，是坐着火车跨越秦岭。火车在山间穿行，秦岭南坡与北坡风物大有不同：北坡关中平原上的村庄聚落，在这里已经换作南坡层林掩映的乡野，其间的村舍像夜空里的星星一般散落在水田间。北土乡舍门前屋后的桑梓，在这里已经换作柔韧又散聚离合的翠竹。我本以为竹似木一般直楞楞地刺向天空，而眼前景物里的竹却柔软而富有弹性，密不透风般的竹叶把竹梢压弯，像锦鸡的翎羽，又像含实自满的稻穗，只是竹叶会在风中婆娑，仿佛听得到细碎的沙沙声。

　　笋，即竹萌，用大白话讲就是竹子的嫩芽。竹是禾本科植物中的一个大类，与那些一岁一枯荣的离离原上之草不同，竹类是多年生的木本植物。竹又与普通的树木不同，它虽然可以存活十几年，但它却不能像普通的树那样独立成木，不能依靠增加年轮来增粗。竹正是介于两者之间，既像树木那样年长，又像细草一样速生。其实我们看到的竹并不是它生命体的全部，仅仅是它生于土壤之外的"侧枝"，而竹真正的"根本"却是埋藏在土壤中，大多数人都很难见到的地下茎——竹鞭。

竹类按照地下茎的形态一般分为三个类型：一种是竹鞭在地下横走，竹鞭的顶芽不会发育成竹竿，而只有竹鞭节上的侧芽可以萌发成竹的种类，这种叫作单轴型；一种是竹鞭顶芽会生长一定节数，便出土长成竹竿的，而侧芽则萌发成新竹鞭的种类，叫作合轴型；还有一种是顶芽既可以发育成竹，也可以不露土萌发的复合型。三种类型的竹子都会在竹鞭上萌发出可以长出地面的嫩芽，而这些嫩芽被统称为"笋"。

《诗经·大雅·韩奕》有云："其蔌维何，维笋维蒲。"《大雅》是诗经中国君接受臣下朝拜，陈述劝诫的音乐，在大雅中提到笋，可见其在先秦的地位。以笋入食的时间则要更早，根据人们利用竹子作为工具来推测，人们对笋味道的知晓恐怕要追溯到史前。然而笋并不是受人重视的食物，毕竟富含纤维素的它远不如肉类和谷物能给人体提供大量的能量。民间讲笋是"刮肠油"的食物，这样的特点决定了笋在最初入食的角色。在先秦，笋只是用来腌制成"笋菹"作为辅食。笋的地位主要是仰仗用途广泛的竹子，毕竟从古至今，竹子一直是人们生活中必不可少的经济植物，而笋则是竹的副产品之一。

笋真正受到人们的推崇则是到了宋代。苏轼在他的《于潜僧绿筠轩》里讲道："可使食无肉，不可居无竹。"宋代的文人雅士在偏居一隅的安逸中，视竹为修身养性的清雅之事，于是笋则借竹萌之名也受到了文人雅士们追捧。屋院前后种竹，便可随意得笋，加之雅士们追求修养，笋的清雅本味更与其意图不谋而合。笋的品类与吃法得到了文人们的重视。现存最早的《笋谱》便出自宋代的佛僧赞宁，而成书于元代的《竹谱详录》则明确记录了六十多种竹类的笋可食，还详细记录了各种竹笋的笋期、性味以及其食用宜忌。笋的吃法也得到了空前的发展，人们青睐笋的甘鲜，又慕其味清淡爽口，在杨万里的《山家清供》里写到一种鲜笋的极致吃法："夏初林笋盛时，扫叶就竹边煨熟，其味甚鲜，名曰傍林鲜。"

竹类非一，则笋生的时节也各异，那么笋的种类也异常繁多。如今常食笋的竹类有毛竹、早竹、麻竹、绿竹、淡竹等，尤以毛竹笋最为常见。毛竹是单轴型竹类，因其竹鞭不露头，竹竿散生于山坡，亦属于散生型竹类。毛竹竹竿粗大，竹鞭上的萌芽也很肥大。毛竹竹鞭上的侧芽，每年在晚秋开始萌动，到入冬之后，肥大的笋芽就会藏在土中越冬，此刻的笋被称为"冬笋"。冬笋芽在冬天是不会露出土面的，挖冬笋需要不少的技巧。若是笋芽离土面较近，可以查看土面是否有拱起的裂纹；倘若笋芽深埋，则须掘笋老手来观察，根据竹叶开展方向，确定竹鞭的走向，挖开厚厚的覆土，就能发现笋箨（tuò）棕黄色的冬笋。笋中冬笋为最鲜，砍去笋蔸，剥去紧紧裹挟的笋衣，洁白透亮的笋便是最易入肴的佳品。冬笋的季节过后，春暖花开，几场春雨之后那些曾经藏在土层中的"冬笋"芽开始继续萌发，笋箨变得棕绿，外皮上裹挟着柔软的棕毛。这些笋芽破土而出，快速生长，这个时候的笋叫作"春笋"。春笋水分充足，但是质地比冬笋略粗。春笋出土初生长缓慢，但遇上充沛的降水便会加速生长，出土十日之内还能食用，再久了就赶不上吃了。竹类的笋是植物界的生长冠军，毛竹的笋在水量充足的条件下，可以在一天之内长长半米之多。待到笋箨全部褪去，新枝生发，破土将近三个星期的时间里，一棵十几米高的幼竹便挺立在竹林里了。春笋的季节过去之后，其他竹类的笋也开始萌发，那些丛生型的麻竹、绿竹因其竹鞭生藏较浅，它们的笋期一般会在夏秋两季。除了生竹的笋可以吃，竹鞭的顶芽也是可以掘出来吃的，这种不会出土的"笋"则称鞭笋。

笋以鲜见长，尤其是冬笋，与冬菇并称"二冬"，常为菜肴中增鲜的配料。冬笋质地紧实，鲜笋入口即无杂味。冬笋昂贵，也讲究新鲜，新买来的冬笋要蒸熟才适合储存。冬笋鲜食可以干煸，或与冬菇一起与荤菜炖汤更为香醇。多余的冬笋可以制成咸笋来长期储存，咸笋中以玉兰片最出名。清袁枚《随园笔记》中提到玉兰片："以冬笋烘片，微加蜜焉。苏州孙春阳家有盐、甜二种，以盐者为佳。"玉兰片分春花、桃片、冬片和宝尖，后两者便是用冬笋精制而成，其中宝尖是择笋的嫩尖一段，制干后色泽嫩黄而透白，形如早春枝头含苞未放的玉兰花蕾一般。玉兰片亦是提鲜之物，北方虽不产笋，但以玉兰片配菜的却很多。玉兰片泡发后色泽白嫩，与肉片一起溜油之后鲜嫩无比。

春笋比冬笋则易得一些，春笋买回来亦要烫熟，要不然多放一天便多增加一些涩味。春笋虽不及冬笋鲜嫩，但是富含水分的笋块又比冬笋来得脆爽。春笋若嫩些可以油焖，选笋肚的嫩处焖出来最为爽口。儿时不曾尝过笋滋味的我，却被外表浓油赤酱，内里甘爽清口的油焖笋所惊艳。我尝试询问这笋的做法，却发现油焖笋的配料颇为简单：鲜笋、老抽、白糖再加些调味的盐就足矣。于是我终于明白笋的味道，无需其味使出使入，但得其鲜，配以糖焦香，再以老抽裱其色，正是这道菜的可贵之处。笋若老些则更适合与荤食炖煮。我也尝过腌笃鲜的滋味，倘若说笋的本味近乎于无有，那么腌笃鲜的笋则是暗送秋波。腌笃鲜的做法似乎很多，但是我尝到的那例菜谱却也显得简便。笋要先焯好，去掉的老笋根要在汤里多煮一会儿，咸肉、鲜肉各半，咸肉要肥腻一些，鲜肉则选排骨或者前腿细瘦一些较好。鲜肉先过滚水去血，原汤撇去浮沫加少许姜片煮开澄清；捞除杂质与姜片，下去血的鲜肉与咸肉小火炖煮，汤汁微落，将煮笋根的水补入，肉将半熟则下笋块慢炖。煮腌笃鲜要文火，最好是那种小炭炉，砂锅须加盖，看带鲜的汤气从砂锅盖子里徐徐冒出。笋可以炖久一些，即要熟的时候点一点绍酒继续煨煮。酒气散净，汤汁越发清亮的时候撒少许葱花起锅。若以汤汁泡饭则鲜入精髓。

笋之美，如果不亲自尝其味是不得要领的。正如中国菜肴讲究的鲜字，很难用具体的词汇去形容。有人说鲜是食材之本味，我觉得不能简单下这个结论，毕竟鲜味还是可以用类似盐糖之物的味精、鸡精表达出来。于是这鲜味或许就是新鲜食材中富含的氨基酸的味道，毕竟人类要摄入氨基酸，自然会对目标之物产生兴趣。但是回来一想，这个说法也很枯燥，虽然生发的笋芽本来就富含生长所需的水解氨基酸，但是我们不能把笋或者其他新鲜食材的丰富味觉体验简单归功于某种化合物，把繁絮变简单容易，但是再要从简单还原繁絮那就难上加难了。

如今味精、鸡精当道的时代，菜肴的味道越来越相似，不是说我们把复杂的生活过简单了，而是我们对味觉的理解越来越简单了。突然想起这味精时代之前，人们提鲜用的笋汁，这种已经消逝了的鲜味剂我们还可以从古书记载里还原："笋十斤，蒸一日一夜，穿通其节铺板上，如做豆腐式，上加一板压而榨之，使汁水流出，加炒盐一两便是笋油。"（《调鼎集》卷七）

可是那些我们失去而又无以复原的味觉习惯，恐怕只能真的消失在历史的尘埃里了。

水中茭白

　　茭白，古人谓其茭笋。"茭笋"这个名字很形象，《救荒本草》中绘画的禾草一般的图样，其叶间有膨大如笋的构造，这便是茭白，图旁有云："采茭菰笋，热油盐调食。"茭白既然以笋为名，其必有相似之处。冬笋不易得，一年的春夏秋三季更无踪影，茭白多产于江南，其气息犹如江南风物般被柔雨抑或是涓流、静波涤荡过，净无杂味而清鲜，这与冬笋尤为相似，于是在没有冬笋的季节里，茭白是最合适作为冬笋的影子。

　　茭白与"笋"同名，在于它可以在笋的菜式中把类笋的质地发挥得淋漓尽致，比如油焖或是烧肉。茭白亦有它自己的特点，质地均一，荤素相宜便是它的美味所在。茭白清鲜却适合炒食，将其细切作丝，或是薄片，炒前要用热油快过一遍，过油之后的茭白外皮微焦而里嫩，口感柔软却有似蕈菌的韧度，可与肉丝、鱼片、河虾等烹炒入肴。茭白与河鲜最为搭配，这便是它被称为"水仙"的独特之处。正如鱼翔浅底的碧波一般，口感丰富的茭白可以裹挟着菜肴整体味觉的力度，并以若隐若现的微甜衬托出河鲜原本的甘鲜。茭白清鲜还不怕厚重味觉的装饰，它有独善其身的能力，我们可以在浓油赤酱的引入之后，品尝到它铅华洗净之后的微甘与淡泊。茭白也有缺点，那就是不耐煮食，炖煮过头便失去口感，化作了无骨的蒙雾一般。

茭白之本茭草，喜爱生长在水中。若是笋的清鲜源自山无纷扰，那么茭白的清鲜则来自水无杂染。笋是竹的嫩芽，那茭白抑或是茭草的幼嫩之处？东晋《西京杂记》里描写汉太液池的风光："太液池边。皆是雕胡紫箨绿节之类。菰之有米者，长安人谓之雕胡。葭芦之未解叶者，谓之紫箨。菰之有首者，谓之绿节。"葛洪提及的"菰"便是如今的茭草。茭草是多年生的水生植物，与禾草类，同属禾本科。《本草纲目》有述："江南人称菰为茭，以其根交结也。"太液池边的菰，有一类茎生有首的，被称为"绿节"。这里的绿节便是后世可以出产茭白的茭草。茭白生于茭草叶片出水之下的缩短茎顶端，被层层错落的叶鞘所包裹，从外观上看虽不甚明显，但可以发现叶柄包裹的茎膨大如笋。如此一来，茭白是尚被包裹在叶鞘中的茎端，那么自然也是如同笋芽一般的纤细幼嫩。

然而在《西京杂记》的描述中，原本为一种的菰，却被分为"有米"和"有首"两类，只有"有首"的一类才会被称为"绿节"，那么绿节与另一种菰是有什么样的关系？菰本属禾本科稻亚科菰属，是广泛野生于东亚、东南亚及其附近岛屿的水生植物。菰与水稻的亲缘关系较近，多年生的菰生长要比水稻高大许多，修长具有粗齿的叶片可以长到两米多高。每年初夏开始，生于水中的菰便开始抽穗开花，其花似芦苇，但穗瘦而花大。菰的花期很长，从初夏至秋都会开放，花落便结实，从仲夏到晚秋，其穗上的果实随结随落，这样正常开花结实的菰便是古人所说的"有米"的雕胡。而还有一类菰，因为受外界真菌感染而发生病害，原本要发育成花穗的部分受到真菌的刺激而增生出肥大的薄壁组织，发生病害的菰不再会长穗开花，而只会长出肥大的"菌瘿"，这样的菰便发育成了"有首"的绿节。

寄生在菰草上的真菌因其黑色粉状的孢子而被称为黑粉菌。自然界的黑粉菌种类繁多，它们最喜欢寄生在禾本科、莎草科等植物体内，最常见的除了寄生在菰草中的菰黑粉菌，还有寄生在高粱花穗上的高粱黑粉菌和玉米植株上的玉米黑粉菌。黑粉菌寄生在寄主体内，它一般会分泌类似生长激素的物质来刺激寄主的薄壁组织。薄壁组织是存在植物体内的活跃细胞组织，它们虽然已经成熟，但是这些细胞壁较薄、分裂活跃的细胞还会进而分生成其他植物器官。真菌正是利用了这一点，它刺激薄壁细胞无限制分裂，形成肥大的营养体聚集营养和水分来供真菌生长。真菌生长成熟，它还会促使这些肥大组织破裂来释放其黑色的孢子，从而可以继续感染其他植物。菰黑粉菌便是刺激菰草茎端的花芽分化组织，让其长成营养丰富且多汁的"茭白体"，而人们食用的便是这个部分。若是受病的菰继续生长，白嫩的"茭白体"会因真菌成熟产生厚垣孢子变黑而被称为"灰茭"。"灰茭"可以释放黑色的孢子，真菌的孢子会随水传播，从而感染其他正常的菰草。

中国人很早就发现了菰草会发生病理性变态而产生茭白体，正如东晋葛洪所说的"绿节"，以及唐人提到的"乌郁"。虽然它是属于菰草的一种病害，但是清甜肥嫩的茭白对人则有益而无害，于是人们很早便采来作为佳肴。在自然环境中，菰发生黑粉病感染的几率并不高，并且肥大的营养体若不及时采摘食用便会因孢子产生而无法食用。因此在宋代以前，这种难得的蔬菜仅被作为地方珍馐。《尔雅·释草》中记载："出隧：蘧蔬。"晋人郭璞注："蘧蔬似土菌，生菰草中，今江东啖之，甜滑。"北宋的《图经本草》中记述："（菰）春亦生笋甜美，堪啖，即菰菜也，又谓之茭白，其岁久者，中心生白台如小儿臂，谓之菰手。"

到了南宋，这种可遇而不可求的地方性时蔬却发展成了一种常见蔬菜，这种变化是有其内因和外因的。从其内因来看，菰黑粉菌对菰草的寄生是相当紧密，它与其他寄生于一年生禾本科或是只感染部分组织的黑粉菌不同，菰黑粉菌不但会侵染当年生发的植株顶端而产生茭白，它还会以少量菌株寄生在菰草的匍匐茎与分蘖苗内影响其来年生发的植株，如此人们便可以通过分株繁殖来保留感染植株。其外因是痛失北地的宋人大批迁于江南，使得当时的农业技术尤其是轮作机制有了很大的发展，人们发现了控制菰黑粉菌感染数量来降低灰茭的产生，从而保证了茭白的质量。这个过程并不是当时的人们明白了茭白的成因，而是在反复栽培中积累了经验。南宋罗愿在《尔雅翼》中认为灰茭的出现是因为"植之黑壤，岁久不易地，污泥入其中"，这样的认识在微观上虽然毫无道理，但在宏观经验的驱使下，人们明白连作久作茭白是产生灰茭的一个因素，而移栽和分株的方法可以减少灰茭的出现。如此从微观上理解，人们这种经验性的做法可以有效地控制菌株在菰草体内的繁殖数量。这样一来，在可控范围内的菌株可以刺激菰草产生茭白，却不会过快地产生影响品质的孢子。

其实可以食用的黑粉菌瘿并不只有菰黑粉菌，寄生于玉米花序与支持根上的玉米黑粉菌也是可以食用的，北方玉米产区的人们叫这种菌瘿为"玉米霉霉"。虽然玉米上寄生的幼嫩菌瘿从口感和味道上与茭白相比有过之而无不及，但因其一年生的寄主和无法控制的感染部位而使得人们无法将其当作稳定的食用来源，从而更谈不上把它当作蔬菜了。

茭白被中国人作为家常美食，可以说是集天时地利人和的机缘，但是中国人发现茭白却并非偶然，如此说我们还要回到《西京杂记》的描写里。我们已经明白，太液池畔的"绿节"就是如今我们作为蔬菜的茭白，然而在《西京杂记》成书的东晋时期，"绿节"的地位远不及另外一种被长安人谓之雕胡的"有米"菰，而它出产的雕胡米才是人们珍爱的美食。

谈及"雕胡"，历史的车轮便要向前推至先秦。《周礼·天官·膳夫》有载："凡王之馈，食用六谷……"唐贾公彦疏："郑司农云：六谷知有稌、黍、稷、粱、麦、苽者。"其中的"苽"便是雕胡米。可见在先秦时期，雕胡米的地位之高，可以与稻米、黍子、糜子、粟米、小麦并称。后五种谷物如今依然是在田的粮食，而雕胡米随它的名字却在如今作古了。《礼记》载有"菰羹"。隋虞世南《北堂书钞》中引东汉刘梁《七举》中赞叹"菰粱之饭，入口丛流，送以熊蹯，咽以豹胎"的美名。而《西京杂记》中还有会稽孝子顾翱事母至孝的故事："母好食雕胡饭，（顾翱）常帅子女躬自采撷。还家，导水凿川自种，供养每有赢储。"唐人对雕胡饭更是倍爱有加，李白《宿五松山下荀媪家》中有："跪进雕胡饭，月光明素盘。"以及杜甫《江阁卧病走笔寄呈崔卢两侍御》里描绘的："滑忆雕胡饭，香闻锦带羹。"都足见其对雕胡米的珍爱。然而到了两宋，雕胡米的地位却一落千丈，苏颂在《图经本草》中这样写道："至秋结实，乃雕胡米也。古人以为美馔，今饥岁，人犹采以当粮。"苏颂明白雕胡米曾是古人的美馔，但如今却落得荒年聊以充饥的食物，苏颂从中医本草的角度给出自己的解释："大抵菰之种类皆极冷，不可过食，甚不益人。"

然则雕胡米没落的真正原因并不是苏颂所言，而是另有其因。首先谈其外因。在宋代，经济的中心逐步向南迁移。《宋史》："国家根本，仰给东南。"南方人口的增加，因北土丧失而导致的人口大迁移，使得人与土地的矛盾愈演愈烈。土地矛盾的加剧也促使了宋代农业技术的大发展。在江南，南宋政府鼓励人们开荒壅田，原本大面积生长野生菰的荒地逐渐被人们开垦并种植水稻。有些生长着茂盛野生菰的深水湖泊，因菰草的葡匐茎盘根错节，极易淤积腐殖质而变成肥沃的浮岛。人们铲除浮岛上菰草的茎叶，便可以使用其种植蔬菜和水稻。《晋书音义》引《珠丛》："菰草丛生，其根盘结，名曰葑。"而到了北宋朱长文修纂的《吴郡图经续记》中提道："葑者，芰土摎结，可以种植者也。"于是这种由野生菰淤积的浮田被称为"葑田"。荒地的开垦，葑田的利用，加上湖泊因围湖造田而缩小，使得适合菰米生长的环境越来越少。菰米原本产量很少，加之茭白栽培技术的突破，使得原本就不适合作为粮食的菰米被挤占，于是雕胡米逐渐淡出人们的餐桌，替代它的是产量更大且用作蔬菜的茭白。

菰不适合作为粮食作物便是其没落的内因。菰与其他禾本科谷物最大的区别是菰的籽粒成熟时间跨度长，且籽粒极易从穗上自行脱落。禾本科植物的籽粒极易从其果穗上脱落是它适应自然的一个本能。因为容易脱落的籽粒可以依靠风、水或者动物传播到远处，就算没有外来帮助，脱落的籽粒也可以落入土中而不是在穗上发芽。在人类出现之后，这些容易脱落的谷物原本不适应人类的采集，但是有一类谷物在人的采集干预下发生变化，它们的籽粒不再容易脱落从而使人容易收集。这个变化看似很小，但是对谷物和人类的影响却是巨大的。人类发现谷物不易脱落，便开始有目的地种植它们，这样更方便搜集这些营养丰富的种子来食用，因此原始农业出现了。农业的出现使人类停止迁徙，进而促成了人类文明的产生。麦子的不易脱离，催生出美索不达米亚文明；稻米的不易脱离，催生出东南亚文明；而粟米与黍子的不易脱离则造就了中原文明。这些易于栽培和搜集的谷物，自然是人们种植的对象，而它们的地位自然也是人们心目中最重要的。反观菰米，它虽然花期长，但果实并不能像稻麦那样一次成熟，而是陆续成熟，加之又极易脱落，使得采集菰米是一件耗时耗力的事情。人们很早便开始栽培菰米，但是至今也未能选育出果实不易脱落的种类。于是菰米固然美味，但它没有向人类的努力做出任何回应，于是在食物日渐丰富的历史长河里，人们也只能渐渐地抛弃它了。

　　茭白栽培技术的成熟，使得作为饭食的雕胡米走向了没落。但是雕胡米并没有完全淡出人类的视野，在现在的北美，生长在那里的菰的亲戚，北美菰与沼生菰却因其种子的丰富营养而逐渐受到人们青睐。关于北美菰还有一则笑谈。在欧洲人到达美洲之前，北美的印第安人便已经开始搜集北美菰和沼生菰的种子来食用。1683年，一位名叫亨内平（Hnnepin)的法国神父第一次在五大湖区看到印第安人在采集这种类似稻米的食物。他很好奇，却不认识菰米，于是想当然地把这些无须种植便遍生于水的谷物称作"wild rice"。这个错误的叫法被沿用下来，以至于后来很多翻译中将北美菰误称为"野生稻"，而真实的野生稻只有东南亚以及中国西南部才有零星分布。菰米因其难得而逐渐被人遗忘，但是如今注重食物营养品质的生活，又让其亲戚在世界的另一边受到人们的重视，于是反观茭白与雕胡，再注目北美菰，人与这种奇妙植物的历史还会如何继续，我们只能拭目以待了。

黄花菜（*Hemerocallis citrina*），刺叶树科萱草属。黄花菜与萱草的区别主要是花管的长度和是否有香味。黄花菜的花管长度一般在三厘米到五厘米，而萱草则只有三厘米。黄花菜气味芳香，这与完全没有味道的萱草比起来脱俗不少。绘图：阿蒙

莲（*Nelumbo nucifera*），莲科莲属植物。莲的花朵很大，在花朵的中央长着台型的子房。莲花的结构很独特，在花朵开放的时候，硕大的花朵可以使花心的温度比周围环境高。温暖的花心可以吸引昆虫来传粉，这种奇特的吸引模式是莲科植物传宗接代的秘诀。图片：Step, E., Bois, D., *Favourite flowers of garden and greenhouse*, 1896-1897

美洲黄莲（*Nelumbo lutea*），身在大洋彼岸的莲科植物。或许是造物主的安排，美洲黄莲拥有莲花没有的淡黄色，而其花朵却与莲基本无异。莲科是一个很小的类群，它只有两个成员：生长在中国的莲（*Nelumbo nucifera*）与生长在美洲的美洲黄莲，它们是非常古老的植物种类之一。图片：Maund, B., Henslow, J.S., *The Botanist*, 1836

菱（*Trapa natans*），千屈菜科菱属。两角菱与四角菱分属不同的种。菱角的叶子很独特，菱形叶片以螺旋的方式排列在短缩的菱茎上。菱叶从内到外逐渐变长，镶嵌着排成圆形的"菱盘"，进而使叶片更为合理地享受光照。菱叶梗上还生有膨大的气囊，可以让菱盘四平八稳地覆在水上，就算有风浪也不会沉底。图片：Thomé, O.W., *Flora von Deutschland Österreich und der Schweiz*, 1885

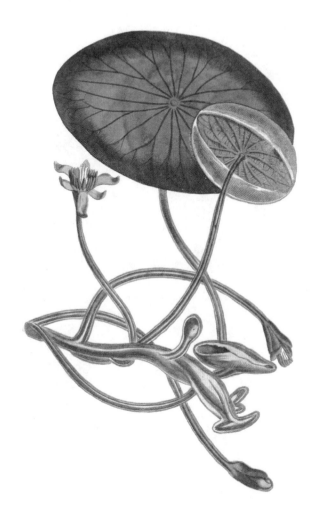

莼（*Brasenia schreberi*），睡莲科莼属。莼菜是极爱净水的植物，它的花朵细小，有红绿两种。莼菜古称"蓴菜"，因其叶片椭圆而得名。莼菜与其他睡莲科植物不太相似，因为睡莲科的其他种类的叶片多有缺口，而莼菜则团团圆圆，于是莼菜被独立为单独的莼亚科。图片：*Curtis's botanical magazine*，1808

慈姑和荸荠是小球茎，作为常见的水生植物，它们常常被当作救命的粮食。
江南多水患，慈姑和荸荠应对洪水的能力是它们适应环境的生存本能，于是
在水患多发的灾年，它们依然可以保证产量而喂饱人们。绘图：倪云龙

慈姑（*Sagittaria sagittifolia*），泽泻科慈姑属。慈姑是多年生直立水生草本。地下有纤细的匍匐茎，在其末端膨大成球茎。慈姑的叶片变化很大，初长出的卵圆形叶片是沉水叶，它可以类似水草在水中呼吸，而后长出的戟形叶片则是挺水叶，它可以自由地在空气中光合作用。这样的变化，是慈姑适应水环境的一个能力。图片：Redouté, P.J., *Les Liliacées*, 1805-1816

荸荠（*Eleocharis dulcis*），莎草科荸荠属。荸荠常见的分两种，一种是皮红的铜荸荠，味道脆甜可口，一种是黑色的铁荸荠，口感紧实老硬。荸荠极耐水淹，在它圆柱形的叶状茎里，长满了一格一格的气室，可以存储空气以防水淹缺氧。图片：Blanco, M., *Flora de Filipinas*, 1875

芋头与磨芋形态差异，但是它们都是属于天南星科的有毒植物。芋头的块茎已经过上千年的栽培而毒性大减，而磨芋的块茎却依然有很大的毒性，因此这两种食物必须充分处理和烹制后才可以放心无忧地食用。绘图：倪云龙

芋（*Colocasia esculenta*），天南星科芋属。芋头喜欢阴暗潮湿，它根据这种环境进化出了应对办法。芋头叶片上有纳米级的微结构绒毛，可以保证叶片的干爽；而叶片边缘的吐水孔，则可以在极度潮湿的环境中无法蒸腾而保证体内水分输送平衡。植株：

Bessler, Basilius, Hortus Eystettensis, *Tertius ordo collectarum plantarum autumnalium*, 1613，花序：

M. Smith, *Curtis's Botanical Magazine*, 1894

磨芋（*Amorphophallus konjac*），天南星科磨芋属植物。磨芋属植物大多千奇百怪，花序巨大且散发着阵阵恶臭，叶片虽然只有一片，却长相如同小树。磨芋奇怪的花序可以说是天南星科植物的代表，这种长着巨大佛焰苞的花序，上面是雄花，下面是雌花。夜晚雌花先开放，用恶臭吸引蝇和甲虫来觅食，而滑溜溜的佛焰苞困住小虫，白天雄花开放，让花粉散落在被困的小虫身上。此时佛焰苞便不再光滑，小虫们也得以载着花粉逃离这个奇怪的花房。图片：Houtte, L. van, *Flore des serres et des jardin de l'Europe*，1845

初夏的雷雨前，天边将要隐没的光线总是把青黛的山镶上一道金边，细窄而耀眼的边线上，还会倒映出一层红霞。这美景时间是极短的，随着天光掩没，丹色的霞落到山脊上，而后在将至的雨霾中冥灭了。霞光的颜色，让我想起了儿时在山巅看到的山丹。那红色厚重而光亮，在花，是山坡上微风浮现的精灵；在霞，是云端边剔透的景色；若在人的面庞上，那一定是丰润的莞尔一笑。

山丹花曾经在北方的山上极多，它的花虽小，却有着让人难以忘怀的颜色。上山采药的乡人会摘取它厚实油光的花瓣，晾干后积攒起来，若是谁家请客便可以买些作为冷菜的点缀。山丹也是药材，挖出它拇指肚大小的鳞茎，阴干可卖给药商换些生活上的零用钱。山上的小花每年摘每年依然开，人们从来没有在意过它的多少，然而如今山上的山丹却实在不多见了，就连它最喜爱栖息的向阳草丛中也仅仅是偶得。汪曾祺曾讲他在大青山挖到了一棵开着十三朵花的山丹，招待他的老堡垒户告诉他，山丹多活一年便多开一朵花，如此推算，这花的年岁已有十三岁。汪曾祺概叹这小小的草花还记得自己的年纪，估计也深深敬佩山丹在北寒之地的强大生命力。只是汪曾祺和老乡亲不知道的是，这棵山丹的年岁恐怕要比他们认为的要更长一些，毕竟从种子发芽到初开第一朵花，山丹要花去三到四年或者更久的时间来准备。山丹虽然顽强可爱，但是在如今经济利益的驱动下，这种更新缓慢的小草花，就算数量再多也不免被逼入绝境。

同样喜欢长在山巅的还有渥丹花，它与山丹一并是山西与陕北民歌里唱的那个"山丹丹"。渥丹花与山丹类似，只是花朵不下垂，花瓣不外翻，倘若不开花，两者难分彼此。渥丹花的名字也因其花色，"渥丹"二字本指润泽而厚重的红色，《诗经·秦风》中"锦衣狐裘，颜如渥丹"一句，便以此来描写丰润的腮红。渥丹花比山丹花大些，花瓣红润且油光发亮，它的草棵虽极其普通，一旦开花却会闪亮夺目。渥丹的美貌是要吸引蜂蝶为其传粉，但也会吸引一些不速之客，人们喜欢它的药用价值，于是它和山丹的境地也越来越相似了。

山丹与渥丹入药，药名便是"百合"。百合一词最早始见《神农本草经》，里面将百合列为草类中品并详细记述它的功用。汉张仲景的《金匮要略·方论》则最早记载了百合炮制方法。百合本属药名，它是形容入药植物的鳞茎由多数单独的鳞片抱合而成，因得名"百合"。如今的"百合"一词，已经作为百合属植物的统称，因为它们最相似的地方便是这"百片而合一"的鳞茎。大多数百合属植物的鳞茎都可来入药或做食，《中国药典》按照传统大宗采集和药效价值划定，以百合属中的卷丹、布朗百合、山丹、渥丹来作为百合入药，尤其是产于北方的山丹和渥丹则是现今中药里被称为"野百合"的两种。

百合无毒，且药性温和，其味道也甘甜爽口，从唐代起逐渐从中药铺走向了餐桌。唐代是中国食疗的首倡期，很多唐代的医学著作中都把食疗当作防病治病、调养身体的一种疗法。唐孙思邈的《备急千金要方》里提道："夫为医者，当须先洞晓病源，知其所犯，以食疗之。食疗不愈，然后命药。"孙思邈对食疗的态度并不是将其作为一种辅助疗法，而是把它作为一种主治方法来施用。食疗最早称为"食治"，在唐孟诜的《食疗本草》中为避讳唐高宗李治而将"食治"改为"食疗"，并将其作为这种疗法的专有术语。《食疗本草》还是一本专门记录食疗的专著，并将食疗推到了前所未有的高度。唐代食疗中，因其宗教盛行而推崇具有滋补强身的植物性食物，百合正是符合这一嗜好的药品。百合味道清淡，味甜而熟食软绵，尤其经过蜜制后的百合，口味尤佳。后世食用百合多做汤羹，细煮用的百合多为干制，因其干制时已经煮熟，若是再煮后则变得更为绵甜爽口，加些劲道的切细银耳和利口软糯的莲子，便是一道食疗颇佳的止咳汤。干百合绵软，而鲜百合脆甜可口，剥取鳞片与同带脆感的时蔬快炒是鲜百合的一般吃法，炒好的百合口感独特，雪白富含淀粉的鳞片咬下去是鲜脆的，而在舌尖上却变得嫩粉起来。

早期的百合并不易得，作为药材多靠采集。唐代大量开始食用百合，人们也开始尝试种植百合，唐王旻《山居要术》以及五代的《四时纂要》都记录了关于百合的种植方法。如今作为蔬菜的百合，一般多以卷丹、布朗百合、麝香百合的鳞茎为主。百合属植物适应性很强，从南至北多有分布。大多数种类的野生百合喜欢生长在人迹罕至的地方。《神农本草经》中提及百合"生川谷"，而《植物实名图考》则讲百合"悬崖倒垂，玉绽莲馨"。麝香百合、布朗百合、岷江百合等大型百合喜欢阴凉，却热爱阳光，潮湿凉爽的山谷绝壁的生长环境是最适宜的，这里不仅可以沐浴阳光，还可以躲避那些窥探它美味的鳞茎的食植动物。百合植株未开花之前，形同杂草，而结出花蕾之后又让人为之一怔，觉得如此瘦弱的植株却能开出硕大而芳香的花朵。花瓣翻卷的卷丹、山丹等种类，则适应寒冷和贫瘠的环境，北方光秃秃的荒山石缝里，正是山丹一类的卷瓣百合的栖息地。在较为艰难的自然环境下，卷丹等一些百合还会在叶腋里长出黑紫色的球形珠芽，这样在环境恶劣而无法开花结实的时候，还可以依靠这些可以脱落的珠芽来完成无性繁殖。

百合深入人心，盖因人们仰慕其花朵的美丽。作为观赏花卉，"百合"一词还被人们赋予"百年好合"的美意。中国栽培观赏百合也由来已久。宋代周师厚《洛阳花木记》中提到的"红百合"便是人们驯化栽培的渥丹（山丹）。卷丹因其花多、花色艳丽亦常被栽培。英国人第一次在广州看到盛开的卷丹时，就着实被它的美貌所倾倒。加之卷丹的适应力很强，它被引种到欧洲之后，很快就成为人们庭院中常见的观赏植物。从卷丹开始，欧洲人发现了东亚这片土地上蕴藏了丰富的观赏百合资源，于是在敲开中国的国门之后，大量的植物猎人从中国和日本采集并引种了大量的野生百合。花朵巨大的岷江百合，引种欧洲后被称为"帝王百合"，而产于日本的天香百合与产自中国的鹿子百合正是如今花店里"香水百合"的始祖。英国的"植物猎人"威尔逊（E.H.Wilson）在其再版著作中赞叹中国是"世界园林之母"，那么如此一来，产于中国和日本的野生百合们，则可以被称为"世界园艺百合之母"了。

在西方的园林里，百合花的确不可或缺，或小片种植爱赏其纯色；或是零星孤植在庭院中临赏其花型娇艳。然而在园林中还有一类花型极似百合的观赏花卉也博得人们的喜爱，它花色极多，常常成片种植或是点缀在山石之上，在它狭长而下垂的叶丛里，几枝柔韧的长花茎挑出几朵六出的花，它就是萱草。

萱草与百合近似，但非属一类。萱草亦产自东亚地区，它西传至欧洲的时间要比东方百合早得多。在作为观赏植物之前，萱草是被人们当作药物来使用，传说公元1世纪的希腊，医师狄俄斯库里在其草药书中便有关于萱草的记载。萱草来到欧洲的确切时间与途径已经无法得知，人们猜测是穿梭于欧亚大陆的商队把它从中国带来的。在匈牙利以及附近地区，大约是萱草在欧洲最早的落脚地。萱草在古代欧洲是作为一种镇痛安神的草药，干燥的萱草根在那时亦是一种颇有价值的商品，从东方的中国一直到欧洲地中海地区都有人在买卖。

西方把萱草当作减轻疼痛的药剂，而在原产地中国，人们却赋予这种植物一种非常浪漫的含义。"思君如萱草，一见乃忘忧"，南齐诗歌《奉和南海王殿下咏秋胡妻》中的一句道出了古人对萱草的理解，中国人把萱草当作忘忧草，用以排遣内心的思念之情。这样的认识最早可以追溯到《诗经》中。《诗经·卫风·伯兮》有云："焉得谖草，言树之背，愿言思伯，使我心痗。"《尔雅·释训》中释义"谖"字："萲、谖，忘也。"于是在《诗经》里，思念出征丈夫的妻子借"谖草"来表达自己的内心："何处有忘忧草，种于北堂之前，思君凄凄脉脉，使我心病惆怅。"在妻子的叹息中，她对丈夫的思念至极而不能自已，寄希于他物来减轻自己的哀伤。在古文中，"谖"与"萱"二字为通假互用，于是现实中的萱草与传说中的忘忧草有关便是情理之中的事。然而历代的学者对此有相异的见解，有人说"谖草"本属托借，这种神奇的植物自然是不会存在的，而萱草则是附和；有些人则认为，萱草就是"谖草"，就算是托借，观之或食之便可忘忧，何况它还有镇痛的效果。

　　萱草究竟是不是现实中的忘忧草，其实在人们的心里并不重要，对于那些思念至亲的人来说，更多的时候只是借物抒情。萱草生性坚韧，山崖、溪谷都是它的所爱，栽植于庭院则生长更为繁茂。萱草叶片浓密且低垂，平时无花之时形如蓬乱的长发，而每年夏至前后便会抽薹开出橘红色的花，花朵"朝开暮落"，仿佛旧思随花落而去，似乎有些忘忧之意。幽思之人睹之，见其叶仿佛是自己因思而废的容颜，而那亮丽的花朵，却如同心中的故人一般鲜明。于是萱草不能全作忘忧，恐怕这睹物思情的意味要更深厚一些了。《诗经》里还提到，忘忧的萱草常被栽植在庭院正北主屋之前。正房多为父母所居，蓬茂的萱草让远方的游子想起自己耄耋的母亲，萱草与居院中常植的香椿树还被人们一并作为父母的象征，于是人们看到这习常的花朵，心中自然慨叹不已："萱草生堂偕，游子行天涯，慈亲倚堂门，不见萱草花。"（唐聂夷中《游子吟》）

宋之前，作为"忘忧草"和"母亲花"之名的萱草，其象征意义要大于它的实际用途。而在世俗化的宋代，拥有"忘忧"高渺之意的萱草逐渐为世人所用。最早记录萱草药用价值是宋代的《嘉祐本草》，而随后的明代，李时珍在《本草纲目》中则更为详细地记录了萱草的其他用途。萱草除了根可入药，其嫩苗与花也可以采来食用，"（苗）作菹，利胸膈，安五脏（引苏颂）"；其花则"今东人采其花跗干而货之，名为黄花菜"。

提及"黄花菜"，这种与"二冬"齐名的干菜，恐怕是如今人们对萱草的主要印象。然而大多数人和李时珍的认识有些偏差，这种被"采其花跗干而货之"的并不是萱草的花蕾，而是与萱草（*Hemerocallis fulva*）同属萱草属的黄花菜（*Hemerocallis citrina*）的花蕾。萱草与黄花菜差别不大，萱草花色橘黄且无香，而黄花菜花色鲜黄却饱含幽然的芳香。虽然萱草的花蕾也可以制成干菜，但是与黄花菜相比，萱草还是缺少了一些花香带来的妙处，于是如今市场上所售的干黄花，尤其是品质好的，基本都是黄花菜的花蕾。

以新鲜花蕾干制后的黄花菜，因其形细长、色泽金黄而称为"金针菜"。金针有奇香，与冬菇、冬笋、木耳齐名，被称作"四大素山珍"。金针入食很简单，只需挑拣完整柔韧的干金针，用冷水泡发便可作为食材。金针的奇香在于它虽为花蕾，但其主体的香气并不是单纯的花香，而是类似鲜菌的"菌香"。上好的金针是花香与菌香兼具，入食的时候，花香会因先与菌香散开而单薄，但与其牢固的菌香复合在一起可以产生微妙的味道。金针不但有香，其口感也有特点，水发恰到好处的金针菜，其入口有笋尖韧的妙处，又有类似木耳丝的脆感，花瓣纤细，覆于舌上还有柔滑的感觉，于是将金针与蔬菜、菌类或是荤食一起做汤做卤，会有与其他食材相辅相成的美妙滋味。为了保证金针菜的独特口感和味觉，水发金针宜凉水而忌热水，金针于热水泡发其香尽失，其型松散绵软，便丢了风骨。金针菜单薄，多数以配菜入肴，倘若想单独品尝，可以将切段的水发金针和打散的蛋液搅匀，做成金针菜煎蛋是最合适不过。金针菜的复合香气在压住蛋腥气的同时得以锁在蛋中，而蛋软嫩的口感又可以衬托出金针菜的嚼劲，于是伸手移来饭桶，再填一碗白饭吧。

若干金针是"升华"之后的味道，那新鲜黄花菜就是其本味的清香了。清晨是摘取黄花菜最适合的时间，此时花蕾含露微张，蕴含了一夜的香气此时方才吐出。用两指轻拈花柄，从黄花菜长长的花管的尾部折下，采几朵攥在手里，那如晨雾一般的缥缈香气马上萦绕在人的周围。新鲜的黄花菜要趁鲜吃，下锅焯熟，再与肉丝或是菌类快炒装盘，便是极鲜香的时蔬佳肴。新鲜的黄花菜味美，但是需要烹饪熟透才能食用。因为在黄花菜的花蕾中，富含大量的秋水仙素。秋水仙素本是无毒但其进入人体后会氧化成有毒的二秋水仙素，如果鲜黄花夹生，便极易引起食物中毒。

以花入肴的习惯，在中国有很悠久的历史。屈原《离骚》的"朝饮木兰之坠露兮，夕餐秋菊之落英"，陶潜的"采菊东篱下，悠然见南山"，都是和鲜花入食有关的诗句。但是千年至今，可以采花蕾用以供菜的似乎仅有萱草一家。如是想来，萱草入蔬盖因其好种耐活，花虽"朝开暮落"，但其枝头数量众多的花蕾可以保证花期长达一个月，有些专门作为蔬菜栽培的黄花菜品种，甚至可以一年多次开花，这样便能保证新鲜的花蕾源源不断了。

听父亲讲，黄花菜是老家乡人喜爱的植物，田埂或是墙角的几尺空地便可栽几棵，不用管都可以每年开花。祖父在世的时候，老家院子里的果树下种满了黄花菜。黄花菜的确不必多管，它耐得了光影斑驳的树荫，也耐得住北方的干旱。每年这些花朵开始吐露芬芳的时候，祖母便带着年幼的父亲去掐花。鲜花装满荆条小筐后，祖母会把花搁在大灶的蒸笼里隔水蒸透，拣出来一根根整齐地摆在箅子上阴干，而后再用马兰叶扎成一束束小捆。多数的菜干都拿去换钱补贴家用，留下来的还要一作两份，少的那份作为过年的增添；祖母把多的一份收小库房的篮子里，为的是远嫁到城里的姑姑回家的时候能带上些，做个念想。

水中仙子——莲菱莼

夏至过，小暑迎，午后的天边开始堆砌累累的云朵，说着雷雨就来了。

六月天，孩儿脸。下午的雷雨过后，阳光已经变得清凉起来。水塘里，进入盛花期的莲朵已经不再是零星地点缀在田田荷叶中。此时水面上微风习习，圆圆的叶片和着风的旋律一波接着一波，露出粉色的亭亭之花。于是在黄昏之后，趁着微风独坐荷塘边，荷香里羼着菱角温润的香气沁心又宜神。菱角也是水生植物，它静静地浮在水面，藏在荷叶之下，唯有淡淡芳香的白花会趁着夜色的凉爽悄悄开放。水塘中的菱角花像脉脉的少女，而塘边浅处探出的几枝慈姑花则像包着白头巾的少妇，在夜的微风中笑得前仰后合。

《尔雅·释草》讲："荷，芙渠。其茎茄，其叶蕸，其本蔤，其华菡萏，其实莲，其根藕，其中菂，菂中薏。"此时塘中的莲荷已在古人笔下拆解得如此精细。古时并不像如今这般科学，可古人对它的了解却相当细致。然而莲荷并不容易被人们所了解，它的花与叶挺立水上，水中有多少梗与茎，水底乌漆漆的软泥里，它的根与藕又如何行走？细想我对它的了解恐怕只有欣赏时那水面摇曳的莲朵儿，包裹着香糯青团的荷叶衬子，餐盘里脆生生的藕片和软糯的莲子，片面得犹如盲人摸象而难得全貌。虽然这在水中的植物的确不易亲近，只是对莲荷片角一般的认知，着实让我对它产生了兴趣。抑或是它"可远观而不可亵玩焉"的品性，又或许是它花叶看似独立实则紧密相连，更或许是它在生活中太过熟悉而仍有生疏。我的想法也算简单，只是想从那些片角一般的认识中连缀一下，尝试着勾勒出这位"水中仙子"的真容吧。

莲荷自古有名为"芙蕖"，本字"扶渠"，意为其叶宽大且扶摇而起于水面；其名又称"芙蓉"，本字"扶容"，盖因其花挺立于水中，扶摇而绽放如盛器。如今莲的名字也与古称有相似之处，取其叶名为荷花，取其花名则为莲花。

莲花，这种生于静水中的挺水植物是一种分布于亚洲东部、南部乃至大洋洲北部的古老植物。说它古老，是因为它的化石发现可以循迹至第四纪大冰期之前，那时的莲科家族还很兴旺，大约有十几种之多。第四纪大冰期之后，这类水生植物只幸存了两种，这就是生长在中国的莲（*Nelumbo nucifera*）与生于美洲大陆的美洲黄莲（*Nelumbo lutea*）。

荷，起初单指荷叶。《尔雅》中讲，荷叶的叶柄为"茄"（jiā），叶片为"蕸"，其他古籍中不见"蕸"，而直接称之为"荷"。荷叶挺立水中，它从塘泥中莲鞭的节上生发而出。初生的荷叶两边对卷，探出水面之后舒展平铺。春藕初发的叶片常常浮于水面，水鸟鸣蛙常栖于上；而后叶梗越发粗壮，叶片也挺立于水中，水塘中微风阵阵，荷叶起起伏伏，嫣然《汉乐府》中的"江南可采莲，莲叶何田田"。而后，"荷"字成为荷叶整体的总称，明卢之颐《本草乘雅半偈》中讲到的"荷"包括荷叶、叶梗以及泥中的莲鞭。

荷叶硕大，叶片柔软而有韧性，用它来包裹食物是一种经济又方便的做法。荷叶容易清洁，它不沾水，也不透油，新鲜荷叶透出的水汽还能保证内裹的食物不易脱水，像青团等有黏性的食物用荷叶来包裹，还能防止粘连。荷叶无毒，经蒸煮也不易破损，加之带有淡淡的芳香，于是还常作为食物烹调的包衬。浙菜中有名的"叫花鸡"便是将腌制好的整鸡以荷叶紧裹，外敷软泥烘制而成。鸡肉很容易出油出汁，包裹着的荷叶不但可以把多余的鸡油吸附，还能保证鸡肉不致失去过多油水而干柴，这也正是这道菜美味的关键之一。荷叶也可食用，鲜荷叶撕碎了可以煮荷叶粥，加些百合莲子还有一定食疗的作用；晒干的荷叶不但用来煮粥，还可以用来泡茶。中医里把荷叶当作轻微的泻药，于是很多人拿荷叶当作减肥茶，然而荷叶性质清凉，倘若要入食或泡茶最好要遵循医嘱。

荷叶常见且易得，其形态也常被人们作为制造器物的一种样式参照。常见以荷叶为造型的器物有很多，如盖罐、碗砵、盆托等盛器以缵其型；而洗、砚、笔筒乃至盛水的盆、缸则以取其意而为器皿增添风趣。以荷叶为造型的器物最有名的当属荷叶杯。相传此种器物是三国郑公悫首创，他利用荷叶梗上有孔，将荷叶置于容器中以为杯，并把叶梗外露于杯外，刺穿荷梗与荷叶之间的隔使之连通，如此注酒于其中，便以叶梗为吸管吸饮叶杯中的酒水为情趣。后世以此法为佳妙，于是发展出以金属、陶瓷或是其他材料制作的"荷叶杯"，虽其质地已变，但常常塑造为荷叶形态，并仍以其为名。人们喜欢荷叶，在世俗生活中常将荷叶作为水性植物刻画在日常装饰中，并取"荷"与"和"谐音，当作和睦的象征，民间常见"和合二仙"便取了这个彩头。这对象征和合美满的神仙，寒山手持荷叶寓意"和神"，拾得手持食盒寓意"合神"，二神初为蓬头笑面的僧人，而后幻化为天真无邪的儿童，民间便借此象征和睦，进而引申为家庭美满子孙有福的寓意，于是荷叶变得和睦二字，堪称美名。

莲，最初指莲实，即莲花的果实，莲蓬。《说文解字》中讲到它是"芙蕖之实也"。作为莲花的果实，莲蓬的形态与其他所见到的多数果实相比有些怪异，它像一座平台，一粒粒莲子均匀地嵌在这个海绵状的平台之上，因其形如莲子居住的房屋，而被称为莲房。莲蓬长得如此怪异，并非是要彰显个性，在自然界，每一种奇特的造型都有它实际的用途，而莲蓬的用途则是在它成熟之后才会体现。初秋，莲叶开始发黄干枯，莲蓬也由碧绿变成暗紫色。莲子粒粒饱满，此时的莲花梗开始弯曲，原本朝天的莲蓬开始垂向水面，在风吹或者其他外力作用下，莲梗便会折断，莲蓬因为其内含空气而携带莲子像小船一样随波逐流。莲子被轻飘飘的莲蓬随波带到浅水，莲蓬上的孔开放，那些被莲蓬约束在孔中的莲子便一粒粒地被播入水中，这位伟大的母亲便以这种方式为自己的孩子找到适合生长的温床。

莲还是莲花花朵的总称。《本草乘雅半偈》中讲道："华曰菡萏，壳曰房，实曰莲，心曰薏，莲亦总名也。"莲花的花朵最早被称为"芙蓉"，其花着蕾未开者为"菡萏"，而盛开者为"芙蓉"。"蓉"为形容莲花的花朵大，其形如盛谷的盛器，于是莲花的形象在人类制作的盛器中尤为常见。最早可以见到装饰莲花的容器是在春秋时期，河南新郑出土的莲鹤方壶便是代表，壶口上方的壶盖上由四出的两层十组的青铜莲瓣托出一只秀丽振翅的仙鹤。在同一时期，这种陪葬的酒器的形制基本类似，而莲花型的装饰也是此类器物常见的装饰。莲花作为装饰常有水的属性，先秦时期的壶，往往与鉴一起搭配作为温酒或者是冰酒用的器具。于是大胆猜测，以莲花为盖的装饰，似乎为这种置于水中的器物带来不少灵性，高挑的壶身，似乎可以在注满水的鉴中映照出莲花扶摇端庄的姿态。莲花的这种属性还常常作为装饰绘画或雕刻于建筑之上，中国建筑多木构，防火是建筑的关键，房屋中央的藻井以及悬挂的天花板上便多以垂莲花为装饰。盛水的器物也喜欢使用莲花的纹样或形态，唐代出土的很多金银制的碗、盘等食器便常以莲花作为装饰。

莲花深得人心，不但在于其形象，还在于作为宗教圣物的传播。佛教中以莲为圣物，佛教造像便多以莲花为座。佛教自东汉传入中国，莲花的形象也在中国越来越多，原本作为器物和建筑装饰的莲花也有越来越多的用途，更多莲花型的宗教器物与建筑构件也大量出现。此外，宗教的影响，还让原本高雅缥缈的莲花形象为民间接受，"莲"与"连"谐音，于是各种与莲花有关的吉祥图案和吉祥语出现，莲花与抱鱼童子，寓意"连（莲）年有余（鱼）"，而五位童子相互争夺莲花则寓意为"五子夺莲"。莲中有实，实中多子，长着"多子"莲房的莲花还寓意多子多福，于是它与开口的石榴一起被当作子孙延续的象征。莲花不单为世俗所喜爱，它也同样博得士大夫的青睐，从屈原《离骚》"制芰荷以为衣兮，集芙蓉以为裳"的士大夫气质，到周敦颐《爱莲说》赋予其"中通外直，不蔓不枝"的高雅而不入他流的品格正是文人墨客对其品性的隐喻。

《爱莲说》中还有一句赞美莲花品性的名句："出淤泥而不染，濯清涟而不妖。"然而细细想来，出淤泥而不染的水生植物众多，为何独选莲花？睡莲以及众多同为生于淤泥的花朵为何难得人们这样的评价？其因大概有两点：其一是莲花在宋代已经成为成熟的观赏花卉；其二是莲花与睡莲等其他水生植物的生长方式不同。莲花花蕾与荷叶一起生于横卧在泥中莲鞭的茎节，一节一叶一花，花苞生出便在泥中，只有慢慢顶出淤泥后才能出水开放；睡莲的花蕾和叶片均长在其水下横走茎的顶端，横走茎长在泥面，而其顶端暴露在水中，睡莲花只需伸长浮出水面便可开放，其他水生植物的生长点亦多在水中，而非如莲花一般在泥中，因此这"出淤泥而不染"的美誉于莲花而言当属实至名归。莲花与睡莲的生长差异，也是两种类似水生植物的分类依据之一，属于睡莲目睡莲科的睡莲为非常古老的双叶子植物，而属于山龙眼目莲科的莲花则要比睡莲进化得多。

蕅，是莲蓬中的莲子。很多人都知道莲子的美味，梁实秋在

《莲子》中忆起儿时吃莲子的味道："剥出的莲实有好几层皮，去硬皮还有软皮，最后还要剔除莲心，然后才能入口。有一股清香沁人脾胃。"北方水少，种植莲花的荷塘并不多见。引水方便的河滩上，虽有人种些莲花，也大都是采藕的藕莲。人工栽培的莲花主要有三种，采莲子用的"子莲"，花多莲蓬多；采藕用的"藕莲"，花色虽淡雅却几乎不开花；观赏用的花莲，公园小景中，常常把各色各异的花莲栽在水缸里，作为观赏的点缀。我第一次吃莲子，大约记得七八岁。父亲从河北出差回来，带回几只绿色莲蓬。我很好奇这奇形怪状却带着清香的莲蓬，父亲看我不懂吃，便从柔软的莲蓬里剥出圆溜溜的嫩莲子，除去外皮和内层半透明的软皮，剔去莲子中间的莲心，然后喂到我嘴里。我轻嚼几下，一股淡淡的嫩浆弥漫在嘴里，清甜又像嫩花生一样的脆感，好吃极了！我自己学着剥了大半，剩下一只却怎么也不舍得吃了，便搁在玻璃柜子里摆着。等过了些许日子，我又惦记起莲子。那时绿色的莲蓬已经变得干瘪，原本青绿色的莲子也变得又黑又硬，我是用牙咬不动用锤砸不开，便后悔当初没有及时吃完，浪费了这美食。

成熟的莲子是非常硬的，这种子致密的外皮上连一点缝隙都没有，想要以它为食的动物简直无从下口。莲子的坚硬壳是莲花种子的保障，它不但可以防止动物吃掉种子，还能保护种子不会在水中浸泡腐烂。莲子的坚硬外壳还能抵御极端天气的影响，等到环境适宜的时候，莲子就会从中萌发。然而这壳实在太硬了，外面的水分是极难渗透到莲子之中，于是这莲子中的胚静静休眠，以等待水分进来促其萌发。然而莲子的胚没有想到，它这一觉有可能会睡上千年。在辽宁的普兰店泥炭层里，曾经出土过年纪在千年左右的古莲子，人们尝试钳破其种皮诱使其发芽，结果这些莲子中，竟然真的有发芽的种子，它们仿佛坐了时光机一样在千年之后再次长出绿叶，其中个别还长成了完整的植株并开出了花。莲子的这种能力是植物界少有的，这样的能力不仅仅在于它种皮坚硬，还在于它有一个长寿的胚。《尔雅》："（莲）其中菂，菂中薏。"莲子中绿色的莲子芯便是"薏"，莲子芯正是莲子的胚，从莲子里剥出的莲子芯，我们能从其形状看出它胚的样子：尖尖的生长点旁边还有一片尚未张开的子叶。

　　薏与藕，《尔雅》中讲"薏"为莲之本，而"藕"则为莲之根。然而这里指的两种，其实都是属于莲花的地下茎。薏即莲鞭。何为莲鞭？它是莲花在生长期之内生长的细长型的地下茎。称莲鞭为莲之本是非常正确的，因为在莲花的生长期里，荷叶也好，莲花也好，都会生长在这根横卧在淤泥的莲鞭上。莲鞭上有节，节处便长出一片叶子和一朵花。茎节上还长着不定根，用来吸收肥泥中的水分和养分，并且能固定莲鞭不被水冲走。莲鞭的节上还会生出侧鞭，这样可以逐渐扩大自己的生长范围。莲鞭生长很迅速，但是它并不是无限延长的，在夏末秋初的时候，莲鞭顶端会停止生长，顶端的芽开始分化形成肥大的藕。

　　藕虽然与莲鞭一样，都是属于莲花的地下茎，但是它们之间还是有很大区别的。莲鞭上生长有荷叶与莲花，而藕上不长任何出水的器官。藕的长度也有限，一般在3~5节左右，有些藕上也会长侧藕。藕比莲鞭肥大很多，粗壮的藕是莲花越冬的营养器官，它贮藏养分，用以来年再次萌发。藕顶端的芽在藕成熟之后便会进入休眠期，直到度过漫长的冬天、春暖花开、塘泥回暖的时候它才会萌发形成新的莲鞭。于是藕是莲花继续来年生命的"种子"，而它对于我们来说，是莲花最美味的部分之一。藕生于莲鞭的顶端。在初秋的时候，荷叶会长出最高的一片叶子，而在这片叶子附近会长出一片无法展开的小叶，大叶与这片小叶连接后向外延伸的方向便是长藕的地方。人们下水起藕，便是寻找这片叶子，在两叶之间踩断莲鞭，用脚拨去覆在藕上的塘泥，向后拔出，一条雪白而又完整的藕便可以出水了。

藕的吃法很多。嫩藕可以鲜食。儿时常见画着百样水果的年画，其中大多水果是不曾吃过的，然而我总是好奇这年画里的果盘上为何会有几节雪白的鲜藕？在我的认知范围里，莲藕是过年少不了的下酒凉菜，而作为水果则是闻所未闻的事情。去过江南之后，才明白了那藕的味道。作为鲜食的藕一般只取嫩藕，便是莲鞭发藕之后只长出一节到两节的时候。嫩藕出水，洗干净之后是有着挡不住的清鲜，去皮后切片搁在盘子里，入口白嫩清甜，正如叶圣陶在他的《藕与莼菜》里形容的"雪藕"，清凉无渣，又可以解渴。鲜藕难得，则老藕算是家常菜。北方少有水菜，藕仅算一例，过年的时候家家要买几节藕才算有下酒菜。虽为老藕，但质地也不能太老，太老的藕会吃起来粉粉有渣。把藕削皮，切成薄片焯水去生味，然后放盐、五香粉、姜末，用烧热的麻油一淋就是一道年菜。如今过年的蔬菜繁多，过年也不非要再吃这凉拌藕片，可是看到市场上的藕还是想要蠢蠢欲动，倒不是这凉拌藕真的有那么好吃，只是心中觉得不脆脆地嚼一趟这玉臂一般的藕，这年就和没过一样。藕能吃，莲鞭嫩梢也能吃，而它的最好吃法莫过于酸辣藕带。湖北人叫莲鞭的嫩梢为藕带，摘取的就是莲鞭长在最前面也是最嫩的一节。藕带本来就嫩，于是口感无须多述，酸辣藕带的美味在于一个"酸"和一个"辣"。辣味为重，却可以衬托出藕带的嫩与嚼劲，而一个酸字，则用醋保留了藕带的鲜脆。如此一来，这细嫩的藕带入口，火辣的前奏让人兴奋，而微酸之后清鲜，着实让人想起七月间满塘的绿意了。

七月间的荷塘里，莲花的香味里总会带着另一种清香味，尤其是夜色初起的时候，水塘里弥漫的湿气会把这隐士般的香气徐徐送来，此时我明白，不出半月又有一种清甜的果子准备上市了。这样的果子便是菱角。梁实秋提到他儿时游什刹海的时候，傍晚辄饭的食肆必有"大冰碗"作为消夏开胃的餐前品。梁实秋笔下的"大冰碗"不外乎"冰块上敷以鲜藕、菱角、桃仁、杏仁、莲子之属"，食虽丰富，如此看来这水汽丰盛的"水仙"们却占了一大半。

儿时吃的菱角极少，食肆的"大冰碗"也从来没有见过。北方的菱角仅有双角老菱，大约只在晚秋或初冬的集市上有。母亲从来不买，因为她也很少吃这种在北方少见的东西。上小学的时候，在放学的校门外，偶尔有人用大肚子铝锅卖焐熟的老菱。一只手拎式的蜂窝煤炉，上面坐着一口半大的锅，牛角似弯曲的菱角便泡在温热的汤里。锅边堆起一小堆，用白肚毛巾苫着，菱角两毛一个，个头像小半个拳头。我有时会停下来看着，想尝尝这奇形怪状的果子的滋味，可是摸摸扁扁的口袋之后，抹把鼻涕跑走了。如今市场上买老菱角倒是不少，我却没兴趣，不是因为不好吃，大约嫌剥起来费事而已。

认识一些水乡的朋友之后，我才知道那种长着弯角的老菱只是菱角的一种，并且大多数的菱角都是吃新鲜的。鲜吃的菱角最好不过水红菱，它与双角老菱不同，成熟的水红菱有向外棘出的四只角。最新鲜的红菱我只尝过几次。八月末的处暑到九月的白露之间正是菱角上市的时候，清凉的井水里泡着刚上岸不久的菱角。水红菱的颜色很艳，尤其在清静的水里，仿佛一下子把水染尽了。下手捞起一只，用牙咬开，剥去让牙齿带涩的皮，白嫩的菱肉就可以滑溜溜地入嘴。什么季节都有应景的食物，水菱角的滋味是那样的清淡，舌尖上也只停留一丝的甜味，牙齿嚼久了，满口沁出说不出的香味，驱使着手继续去捞水中的红菱。

听朋友讲，菱角可以从白露一直吃到秋末，可以从秋塘涨水吃到水落。红菱吃尽有青菱，青菱吃尽还有从菱棵上落水的落水菱。落水菱和老菱一样，可以焐熟了吃，虽少了些鲜菱的水嫩意，却多了几分冬天时厚重的甘甜。

倘若落水菱无人捡拾，它在塘泥里默默地过了冬，春水初涨的时候，菱苗就会从老菱角的顶上长出来了。菱苗纤弱，需要靠锚在泥里的老菱供给养分，这从母亲那里带来的营养可以一直供养小苗在水面长出菱盘。菱角的叶子很独特，长着长梗的菱形叶螺旋排列在短缩的菱茎上。菱角的叶梗从内到外逐渐变长，这样可以相互镶嵌着排成圆形的"菱盘"，从而使叶片更为合理地享受光照。菱角的叶梗上还生有膨大的气囊，跟着叶片围成一圈，气囊可以让菱盘四平八稳地浮在水上，就算有风浪也不会沉底。菱角古称"芰"，大概是这种梗叶相接撑浮着菱盘的意思，《本草纲目》云："其叶支散，故字从支。"

菱角多生于平原水乡之处，它生长迅速且极其茂盛。六月末生长菱角的湖面会被密密麻麻的菱盘所遮盖，仅留出一条行船的水道。我生长的地方虽在北方，但偶尔也会有菱的影子，夏天的浅塘处偶然会有一两棵浮在水面，或许是旧年人们丢弃的菱角发出来的，也或许是不知从何处漂来的。孩子们见到漂在水面孤独的菱盘，便用石子丢它，想方设法让它沉入水中。然而再使多大力都是徒劳的，石子激起的水波只会一点一点地推着菱盘荡到远处，而水中纤长的根茎又会渐渐地把它扯回来。

"风动芰荷香四散，月明楼阁影相侵。"（唐罗隐《宿荆州江陵驿》）莲荷扶摇亭立，而菱香却含羞脉脉。菱角花小而白，在七月天气初热时开始吐露在密不透风的菱叶间。俗语有"菱寒芡暖"，意为菱花背阴而芡实花向阳，菱花躲在叶下，要等到傍晚或夜间才徐徐开放。花落之后便生菱角，果实也极为低调，只会默默地沉在水中，想要摘它则要把菱盘翻过来才寻得到。八月末，菱盘的叶片开始立出水面，菱角也开始成熟了。菱花成对开，菱角也成对地结在菱盘下面，采菱之时摘下一枚菱，不用瞧便知道菱盘的对面也必定有一枚，这对同生菱，好似相爱的恋人，就像《采红菱》里唱到的"好像两角菱也是同日生，我俩一条心"那样，让人遐想几分。一只菱盘一季可以结十几只菱角，看着满塘密而遮波的菱盘，这产量也绝不会少。

水乡菱角习见，人们自古就开始采集野生菱角作为果腹的食物，七千年前的河姆渡文化和马家浜文化遗址中出土了成堆的菱壳，欧洲南部的史前遗址也有大量菱类遗存出土。中国最早记载菱角栽培的是《齐民要术》，书中简单记录了原始的种植方法，即将老熟的菱角丢入塘中由其自生。与水稻等农作物相比，菱角的管理要简便得多，而且菱角也不怕因涨水被淹没，在水患频繁的淤积湿地菱角能在灾害来时保证产量。很多历代农政文献中常把菱角当作凶年饥荒时的救荒作物用以代粮。菱的茎叶，即人们讲的"菱科"，其嫩茎与叶梗也可以当作蔬菜来食用。产菱之地，菱科常作为蔬菜，塘中菱科长到一片肥绿的时候便可以捞取入食。将菱科掐去气囊与叶片，摘心除根，便可切可菹，口感脆嫩的它也算得上是一道爽口的菜肴。明代散曲家王磐的《野菜谱》中，便有他描写当时人们采摘菱科的小曲：

采菱科，采菱科，小舟日日临清波。菱科采得余几何？竟无人唱采菱歌。风流无复越溪女，但采菱科救饥馁。

江南人似乎最容易思乡，这里的芰荷之美是别处难以替代的。江南的太湖一带，有"水八仙"的说法，这里湖泽众多，低洼之地每年汛期时常会成为一片泽国，这水中出产的众多水菜便是因地制宜的风味。"水八仙"有芰荷两种，加茭白、慈姑、荸荠、水芹、芡实、莼菜，有如八仙过海一般，各显其味。正是这富饶的土地上养出的水菜，别处恐怕很难如此新鲜与齐全，于是这便是客居他乡的江南人最容易难以忘怀的所在吧。

说到思乡，自然会提到"莼鲈之思"。《晋书·张翰传》中记载，西晋大司马张翰在洛阳为官，"因见秋风起，乃思吴中菰菜、莼羹、鲈鱼脍，曰：'人生贵适忘，何能羁宦数千里以要名爵乎？'遂命驾而归"。张翰的故事恐怕是江南人思乡的典范，只因秋风习习，便怀念家乡美食，竟然辞官而去，颇为洒脱，于是这"壮举"竟也成了佳话，"莼鲈之思"也成为文人墨客千年以来寄托思乡之情的典故。

然而吴中"莼鲈"到底有多诱人？竟然让人如此魂牵梦绕？其实在西晋当时，政局混乱，朝野纷争。张翰身为当时齐王司马冏的门客而得到齐王的笼络。然而张翰早已看出此时羁宦必罹乱，便借对"莼鲈"的思念，逃离了这趟浑水。张翰的聪明让他躲过了一场劫难，在他离开不久，齐王便在"八王之乱"中事败被诛。"莼鲈之思"虽然只是张翰的借口，但这"莼鲈"的美味已然是众人皆知，并且他处亦无可寻，作为借口也是极其合理的事情，倘若张翰借由"藜藿之思"，恐怕齐王是绝不会放他走的。张翰的聪明也在于借物明志，莼菜、鲈鱼都是喜生净水之物，张翰这样的托借恐怕齐王也几分明白他的去意了。

莼菜喜爱洁净，是水菜中的极致。这种睡莲科的小植物，喜欢清澈见底的浅水，水要轻微流动，这样可以保持水质的清新。莼菜惧怕风浪，柔弱的茎叶很难在水涛中持久漂泊，它还怕水藻鱼虫，惧怕它们附着在茎叶上影响生长。莼菜会让自己水中茎叶上生长的纤毛分泌出透明的胶质，用来保护幼嫩的茎芽不受外界伤害，同时还用黏液来保持水中茎叶的清洁。莼菜的干净正是人们喜爱的地方，尤其是它包裹着胶质的嫩茎芽，被人们视作不可多得的鲜滑之物。莼菜分布狭窄，亦是因为它独爱清洁的癖好，明袁宏道在《湘湖》中描述它："惜乎此物，东不逾绍，西不过钱塘江，不能远去，以故世无知者。"

莼菜鲜美，自古便受人推崇。张翰将莼菜与鲈鱼并称这不必多说，与张翰同时代的陆机，在与侍中王济的对答中也对莼菜赞赏有加。太康年末，陆机到洛阳后，王济拿羊酪问陆机："卿吴中何以敌此？"陆机答曰："千里莼羹，未下盐豉。"张翰与陆机对莼菜的推崇，使得莼菜名声大噪，于是之后的千百年间，吴中之莼羹成为人们趋之若鹜的目标。

莼菜真的有那么鲜美？尝过的人们大抵都是在交口称赞，然而真实尝过莼菜的人，心里恐怕都明白这莼菜羹的鲜美源于何处。莼菜入食极易，虽不能生食，但只需微烫便可以做肴、制羹。莼菜要鲜嫩，一是要保证其胶质丰富，二便是幼嫩的莼菜既无口感也无味道，倘若是叶芽开展的老莼菜，会有一丝苦味在其间，人们谓之"猪莼"，只能当作猪吃的草了。上等的莼菜是"丝莼"。"丝莼"取五月间第一茬萌发的嫩芽，其胶质细腻，叶片微微舒展，此时的"丝莼"既无口感亦无味道，堪称莼中极品。做莼羹的配料极为丰富，味醇的鸡汤、香气四溢的火腿、鲜味十足的笋丝，再者便是鲜嫩的鱼肉，莼羹的味道大抵源自于这些配料，而碧绿鲜滑的莼菜只是作为入眼的主角，在入口之后，它便依靠滑溜溜的胶质，完全消失在齿舌之间。

于是人们赞叹莼菜的美，美到无形，美到无味，美到你爱鸡汁它就是绿色的"鸡汁"，你爱火腿它就是翠色"火腿"，你爱鲜鱼它就是碧色的"鲜鱼"。它比大白菜更高一等，来者无形胜有形；它比冬瓜更胜一筹，入者无意胜有意吧。说到这，我并不是在取笑莼菜的"无"，而是作为一个外乡人，是无法完全了解江南风物对江南人的含义，就如同无法感同身受地去了解一个离开家乡的思乡之情的纯度。人出生在一处，自幼喝乡井的水，吃乡土的饭，品这水土调成的羹，这种味道的鲜美，是他乡人无论如何也品不来的，于是慨叹那些生于江南水乡的人，只有他们才真的懂这种无形无味的莼的香醇。

莼菜古称"蒓菜"，《本草纲目·莼》谓之："蒓字本作莼，从纯，纯乃丝名，其茎似之，故名。"李时珍是想纠正"蒓菜"为莼菜，然而我更喜欢这个"蒓"字，因为它就是莼菜椭圆形团团无缝的叶片的写照，象征着家乡的人们，团团圆圆。

慈姑与荸荠

说到慈姑，总能带得着荸荠。

比如说有些地方的方言把慈姑叫作"白慈姑"，而把荸荠叫作"红慈姑"。这样的叫法源于慈姑与荸荠是好兄弟，但凡有水草的地方，它俩常会挨着长。

慈姑名字的由来很有意思。民间说水中的慈姑，一月生一个，十二月便生十二个，于是年终把它从塘泥中掘出来，根上就会生有十二个白白胖胖的小慈姑。这同株一年能生十二子，还能在烂泥里把"孩子们"养得如此白净的母亲，必定是慈爱有加的好母亲，于是它便有了"慈姑"这个名字。那"红慈姑"的荸荠呢？荸荠也是"养孩子"能手，春种一粒，秋收便能收一篓，加上荸荠的长相与慈姑很相似，圆圆的球茎上长着一只尖尖的芽，于是"红慈姑"的名字就非它莫属。

荸荠名字的由来也算有趣。荸荠原名"凫茈"，"凫"指喜欢在水中浮游的野鸭，而"茈"则通"紫"，宋代罗愿在《尔雅翼》中解释道："凫茈生下田中，……名为凫茈，当是凫好食尔。"野鸭爱吃的紫实，这样的名字倒十分贴切，可惜这个名字渐渐地被人忘掉了，只留下了名字的发音。随着时间推移，发音经过几次声转之后化作了"荸脐"二字，又因其为水草，而谓之"荸荠"。荸荠秋冬成熟，慈姑亦然，这对上市都在一起的好兄弟，既然荸荠叫"凫茈"，那么慈姑就叫作"河凫茈"了。

慈姑与荸荠，水田常常有。慈姑好认，一把三角戟形的叶子一丛一丛地长在田边的浅水里。荸荠不好认，它喜欢夹杂在熙熙攘攘的杂草丛里。邻居中稗子个头比它高，莎草又蓬蓬松松占满浅水，只有荸荠的细长的叶状茎不高不矮的像一丛长筷子直挺挺地戳在水中。天气入伏之后，慈姑高大的三角叶丛里会探出长花梗，上面开出零散细碎的小白花。慈姑的花朵虽不大，却极为素雅，偶然发现有离岸近的，便想剪些叶子和花插瓶。只可惜这花并不能持久，打蔫了便没有了风趣，于是想来还是在塘边来看，毕竟有荷香或是稻香的映衬，它便显得更丰腴了。荸荠的花可没有慈姑这般风姿绰约，荸荠开花也在暑天，但是它的花极其不明显，只是在它棒状的花茎上吐出零星小蕊，还不及它旁左的灯芯草来得高挑招摇。

秋水涨过秋水落，慈姑和荸荠一时没入水中又一时挺出水面。慈姑叶片宽大，粗壮的叶柄中有如海绵一般布满孔洞，于是短时间的淹水并不影响慈姑的呼吸，并且较高的水位会刺激慈姑在泥中生发匍匐茎，在匍匐茎的顶端便会膨大长出小慈姑。荸荠也耐淹水，在它圆柱形的叶状茎里，长满了一格一格的气室，可以存储空气以防水淹。荸荠长在泥中的匍匐茎要发达得多，它会从四面八方长出一丛一丛的分蘖苗，而每一株苗下都会长出众多的紫红色球茎。

入冬水退，慈姑与荸荠的地上部分也会干枯倒落。在塘泥未干之前，是收慈姑和荸荠的最佳时节。收慈姑是辛苦活，男人在前面砍叶翻泥，而女人们则在后面弯腰在泥中摸索。慈姑根系庞杂，在烂泥与细碎的根间找到白胖的球茎不是一件容易的事情。慈姑球茎椭圆，在球茎顶上长着尖而长的细芽，摸索球茎的时候还要防着不要把芽碰断，一是缺了卖相，二是不便保存。荸荠收获起来要比慈姑稍省力一些，等其茎秆开始倒伏之后，便可扒泥收获荸荠了。收荸荠虽然是大人们的事情，但是荸荠个头小，泥塘稀松泥里总会有遗漏，这时孩子们便上了场，用赤脚在烂泥里慢慢踩踏，只要踩到一个硬疙瘩，伸手摸下去准是一个枣红色的荸荠。

慈姑与荸荠产量高，于是在江南地势低洼的水淹地里，它们是常见的农作物。人们把它们与莲藕一起轮作，当作粮食作物以外的补充。慈姑与荸荠虽然只是季节性水菜，但是富含淀粉的球茎可以当作救荒时的食物。慈姑在水淹时有时会增加产量，而荸荠的产量则基本不受影响，于是在洪涝的灾年，慈姑与荸荠便是极为难得的救命粮。

荸荠别名众多，"地栗"这个名字便是根据它形状扁圆，外皮光亮紫红，犹如板栗而得名。慈姑也有"白地栗"的别名，虽然它样子与板栗大相径庭，但是削皮煮食之后的慈姑却有着熟板栗一般的香糯。

鲜荸荠是很好吃的零食，儿时过了立冬，家门外的集市上常有人买小堆的荸荠。摊在地上的荸荠外皮上还裹着塘泥，个个都是灰溜溜的泥蛋子。荸荠有两样，需要把这泥蛋子洗干净了才能看得出，俗话有言：荸荠分铜铁，铜箍荸荠色泽红润个大脆甜，而铁箍荸荠色泽暗黑肉紧耐存。那时的荸荠很便宜，五毛钱能买十几个，中午上学前和父亲要零花钱，买一小包塞在书包里。冬天里没有什么水果，除了长如扁担的甘蔗，剩下的就是这荸荠了。几个小孩子手里攥着几个洗过的荸荠，下课之后靠在向阳的墙边，就忙不迭地用两颗大门牙像兔子一样把紫皮一圈一圈地啃掉。留下生白的荸荠肉，咬去芽和尾巴，径直丢到嘴里含着，直到一点一点地把清甜的汁水吮吸干净，才赶忙嚼碎了咽下。荸荠说是用来吃，倒不如说是小孩子们的把戏，至少十几个荸荠可以嚼个一下午，便觉得这冬天并不无聊了。

荸荠甘甜爽脆，在我印象里一直是水果的身份，却从不知道它还可以煮熟吃、炒着吃，磨碎了做成结块的冷羹。江南叫煮荸荠是"焐熟荸荠"，做法极其简单，锅中水没荸荠，大火烧开，小火焐煮，一个钟头便可以出锅。煮熟的荸荠虽形色不变，原本难剥的皮却变得吹弹可破，剥出的荸荠肉也不再是雪白，而是像蜜渍了一样润黄，塞在嘴里甘甜挂齿，却毫无渣滓。

谈及焐荸荠，慈姑也能焐熟了吃。慈姑本来生得白嫩，而焐熟慈姑则要选微黄老熟的。把慈姑剥鳞削皮，搁在煮锅里加满水，焐熟的方法与荸荠相同。煮熟出锅的慈姑不面不烂，一口咬下去才发现原本粉脆的慈姑肉原来可以变得软糯鲜香。只是这慈姑有些微苦，空口吃的话只能算作利口的食物，倒是这轻微的苦味，成就了慈姑的性格。

有人说慈姑是"嫌贫爱富"菜。慈姑"爱富"，是因为慈姑最适合与肉同煮。慈姑烧肉是一道标准的江南菜，不易酥烂的慈姑与肉久炖，最后出锅的味道让人美得惊叹。慈姑有型，原本让人有些不爱的苦味已经被肉的咸香所中和；肉则软烂，其油被粉质的慈姑所吸收，干净爽快不腻喉。慈姑"嫌贫"，是因为它不善素食，将慈姑清炒或是与鲜蔬同肴，慈姑的苦味就会原形毕露，惹得食者颇为不悦。其实"嫌贫爱富"的说法有些片面，慈姑的苦味其实是衡量了与其同食的食材口味的丰腴程度。当同食的食材口味丰腴的时候，慈姑的苦味便会在丰满浓郁的味觉中涣散；而食材口味清淡的时候，这独特敏感的苦味便会凌驾于其他食材之上，成为慈姑独立的个性。如此看来，慈姑这种秉性让它有别于其他蔬菜，或许这也正是沈从文先生赞扬它的"格"吧。

荸荠与慈姑是一对好哥俩，它们在人们的生活里下得了厨房也上得了厅堂。民间常把荸荠比作元宝，大抵是因为它扁圆，中央有小凹坑，再加上一粒钝圆的芽，让它的样子挺像元宝。苏州有吃"元宝饭"的习惯，每到除夕煮年夜饭，便把几粒荸荠埋在米饭中烧熟，吃饭时看谁能掘得到荸荠，掘到者便意味着来年福财两旺。慈姑则因为"年生十二子"而常常寓意"多子"，于是在岭南一些地方，女儿出嫁回门的时候，娘家会准备慈姑作为回门礼让女儿带回，希望出嫁的女儿能早日生一个胖儿子。在上海，荸荠与慈姑还是腊月年节里祭灶的必备贡品。荸荠取其味甜之意，希望灶王爷吃了之后能在玉皇大帝面前美言；而慈姑则是取其沪语发音"是个"，与咬牙糖一起黏住灶王爷的嘴，在他向玉皇大帝汇报凡间善恶的时候只需点头回答"是个"，而不言他事。在北方，尤其是老北京人过年的时候，风干荸荠是置办年货的必备。这年货多少才能算过年？富人有富人的过法，穷人有穷人的过法，然而年货不在乎多少，而在乎这荸荠买到了没有，只有这荸荠一到，这年货也就"必齐"了。

慈姑、荸荠一对宝，一苦一甜，这便是人生的味道。

芋与磨芋

马铃薯在南方的很多地方被叫作"洋芋"，而番薯则常被叫作"山芋"。这两种外来蔬菜的别名有很多，但是无外乎要么被称为"薯"，要么被叫作"芋"。"薯"就是如今的山药，只是这个本名已经快要被人遗忘，而"芋"便是芋头，这在南方是一种家喻户晓的蔬菜。

芋头是中国及东南亚地区土生土长的食物。《说文解字》里讲到关于芋头的名字颇为有趣："大叶实根骇人，故谓之芋也。"南唐扬州人徐锴在其注释中讲道："芋犹言吁。吁，惊辞，故曰骇人。"原来芋名之由来竟然是人们见到它魁梧根茎叶片时，发出的一声"吁"的惊叹！芋头身形的确高大，叶片极其宽阔，如此大型的草本自然喜欢生长在气候温暖湿润的地方。芋头非常喜欢水，野生环境中的芋头大多都是依水而生，面对短暂的洪涝芋头也是游刃有余。芋头的叶子宽大，盖因其原生环境极度潮湿与阴暗。芋头巨大的叶子可以搜集被树木遮挡之后所剩无几的阳光，因此得以在荫蔽的环境存活。极度潮湿的环境让芋头具备"吐水"的能力，在芋头叶片边缘会有吐水孔，潮湿环境影响叶片蒸腾作用，芋头依靠叶片吐水才能保证体内的水分输送和水分平衡。芋头爱水，但是其叶与荷叶类似都不容易被水打湿，缘由是芋头的叶片上有蜡质的微结构绒毛，如此可保持其在极度潮湿的环境中叶子表面的干爽。

　　人与芋头的历史可谓久远。在中国的西南及岭南地区，历史上常把芋头当作重要的粮食作物种植。《史记·货殖列传》中记载："吾闻汶山之下沃野，下有蹲鸱，至死不饥。"文中的"蹲鸱"后世注释其为芋，可见在汉时，四川等地便以芋为食。《齐民要术》则详细记载了芋的种法，并提到芋头有多个品种，每个品种性质不同，可供人们选择栽培。然而芋头栽培的历史其实要比人们想象的更为久远。在东亚以及东南亚地区，芋头与参薯是人们最古老的食物之一。虽然植物块茎水分多而不易保存，考古仅能发现少量遗存无法确切告诉我们是何种植物，但丰富的民族学资料则可以告诉我们，这两种块根块茎类植物可能是人类最早栽培和驯化的植物之一。在东南亚的印度尼西亚以及西太平洋的诸多岛国，岛上的原住民大多以刀耕火种的方式栽培芋头与参薯作为粮食。这两种植物种植简易，只需烧出空地下种即可，不需多少管理便可以获得大量块根及块茎。块根块茎吃起来也很方便，只需将其放置在火堆中烤熟即可食用。很多东南亚农业遗迹的考古也支持芋头的古老栽培，这些水道整齐的古代水田遗迹可以把芋头种植的历史推至八千年以上。

芋头虽然易种易食，但是生芋头却是一种有毒的植物，烹食芋头须保证其熟透。芋头中的毒素来自于它特化细胞内的草酸钙结晶，接触到这种毒素的皮肤和黏膜会刺痛红肿，严重的会发生水疱。经过人类漫长的驯化，栽培芋头中的草酸钙结晶已经远少于野生芋头，但是这种刺激性极强的毒素，依然还要充分加热使其分解后才可安全食用。如今野生芋头分布在中国西南、东南亚以及印度地区，这种有毒植物在自然界中，可以以它为食的动物也极其稀少，就连栽培芋头也鲜有虫害。明清之后，芋头作为主食的地位逐渐衰落，但其虫害少的特点却使其成为救荒植物，《备荒论》中有述："蝗之所至，凡草木叶无有遗者。独不食芋桑与水中菱芡，宜广种之。"

芋头所属的天南星科，是一个盛产有毒植物的家族。天南星科的植物大多都含有草酸钙结晶，有些种类还含有氰化物和有毒的生物碱。天南星科植物的花序生长奇特，其中有很大一类都成为人们喜欢的观赏植物。在天南星科磨芋属植物中，生长在苏门答腊的巨磨芋自从被人发现之后一直是人们猎奇的观赏植物，它的花序巨大，是现有植物中最大的种类，只是这朵"花"虽妖艳，但其散发的腐臭味道则并不是讨人喜欢的。

磨芋属植物是天南星科中比较奇特的种类，它的奇特在于花叶两不见。磨芋生长有磨盘状的块茎，每年雨季发芽，一般只会长出一片叶子，这片叶子非常高大，形如一株伞形的小树；旱季休眠，地上部分便会枯死。当块茎积蓄养分到一定程度，磨芋便会在生长期的时候只长出一朵"花蕾"，继而开放，以腐臭吸引昆虫授粉结实。磨芋的花朵恶臭，样子也颇为诡异，加之其多长有怪异的花纹和斑点，于是古人常称其为"鬼芋"，如今也常写作"魔芋"来表示它奇怪的样子。磨芋与野生芋头一样，也是毒性很强的有毒植物，但是面对它巨大且富含淀粉的块茎，人们似乎并没有放弃利用它的想法。

全世界磨芋属植物有近百种，中国产二十种，其中有六种磨芋（花磨芋、白磨芋、滇磨芋、东川磨芋、疏毛磨芋、疣柄磨芋）的块茎会被人们去毒处理后食用。磨芋的块茎虽然毒性很大，但将其磨粉煮出的汁液，加以草灰或石灰水进行处理后，结成块冻便是人们常吃的蒟蒻。制好的蒟蒻切成小块，食前用热水煮去碱味，柔软滑嫩的半透明蒟蒻块便可煮食，或用来炖汤。经过处理的蒟蒻，其中的淀粉、蛋白质含量较低，但是却富含大量的纤维素以及磨芋甘露聚糖，这种聚糖可以在常温下凝聚成果冻状的胶体，而这种胶体可以让人形成饱腹感。蒟蒻虽然可食，但是其营养价值很低，旧时食用蒟蒻大抵用来充饥或是作为小吃，现今蒟蒻逐渐流行起来，原因亦是营养低，只是爱美者用其饱腹感以期减肥。

中国人食用磨芋的历史比较早，在这可食用的六种磨芋中，花磨芋是人工栽培最广泛的种类。宋《开宝本草》首记制作蒟蒻的方法："捣碎以灰汁煮成饼，五味调食。"到了元代，《山居四要》中也提到关于磨芋的栽培方法。到了明代，磨芋的种植与食用已经很成熟，《本草纲目·草六·蒟蒻》中详细记载了其栽培和食用的方法，其中对磨芋块茎处理的细节写得颇为详细："（磨芋）经二年者，根大如碗及芋魁，其外理白，味亦麻人。秋后采根，须净擦，或捣成片段，以酽灰汁煮十余沸，以水淘洗，换水更煮五六遍，即成冻子，切片，以苦酒五味淹食，不以灰汁则不成也。"食用磨芋的习惯随后还传至日本，使其成为日本料理中常用的食材。

野芋与磨芋，两种在自然界身有大毒的植物，却最终被人们纳入了食谱，这是人类为了在自然界中生存而产生的智慧。对野生植物的采食，是贯穿于整个人类史的行为。早期的人类为了在险象环生的生存境地中保留自己而创造出了各种适应的方法，对有毒植物可食性的利用便是其一。人们利用自身的经验总结，对有毒植物常用的去毒方法有三类途径：首先是水浸发酵，通过微生物来破坏食物中含有的有毒物质。生活在台湾的雅美族居民，他们祖辈便以芋头为主食，在他们的传统饮食中，食用半腐烂的芋头便是以发酵方法祛除毒素的遗存。雅美人将半腐烂的芋头捣碎，然后包成团上锅蒸食，这样可以让熟制无法完全祛除的草酸钙先由微生物分解一部分，进而减少残留量。其次是使用草灰、石灰以及流动的清水浸泡洗涤。天南星科的观音坐莲（海芋、滴水观音）是云南原碧江县怒族人食用的有毒植物。这种植物的块茎极其肥大，却毒性猛烈，人们处理起来相当繁琐：先去皮切片晒干，而后放置在流水中冲洗多天，然后再晒干舂成粉面做粑并在火灰中煨熟。人们如果不是在穷山恶水中讨生活，大约无人会去食用。最后一类方法则是利用灰水、豆叶豆浆、净土来蒸煮，**蒟蒻**便是利用这种方法来制作的。这类方法中的净土是利用土壤颗粒的吸附性，而豆叶豆浆则是用其中富含的蛋白质来凝结毒素。利用草灰或石灰水煮要比前两种方法常用，因为在碱性环境下部分有机生物碱较容易水解，同时有毒的酸性物质也容易形成不溶的盐类进而沉淀，氰化物则会溶于水使得脱毒的效果相对来说比较好。去毒的三类方法常会混合使用，以增强去毒的能力。

人类在自然界生存如此之久，在长期驯化过程中很多可食用的植物已经成为质优味美的食材，很多"食之无味，而弃之可惜"的食物则逐渐退出了历史舞台，在这些留下来的食物中有多少是人类经过牺牲才获得的，芋头与蒟蒻便是封存了这种远古智慧的"时间胶囊"。

葵（*Malva crispa*），锦葵科锦葵属。葵一般可以分为两个种，一种是叶腋具有总状花序的野葵，另一种则是叶腋只长单朵花的家葵。说到葵人们往往会想到向日葵，向日葵为菊科植物，它只是因为叶片类似葵菜而得名向日葵。真正的葵类集中在锦葵科里，比如观赏用的锦葵、蜀葵，作为蔬菜的秋葵。绘图：刘慧

落葵（*Basella rubra*），落葵科落葵属。落葵与葵菜是两种完全不同的植物，只是落葵的口感黏滑与葵相似而得名，落葵是南方常见的藤本植物，它叶腋开成串小紫花，入秋则结出紫色的小浆果。紫色的浆果可以用来染织物，故名胡胭脂，可惜用落葵染色很容易变色于是用的人越发稀少。绘图：阿蒙

木槿（*Hibiscus syriacus*），锦葵科木槿属。木槿朝开夕落，在古代常被称作"朝颜花"，木槿花瓣渐变的粉红，常常被比作美人的容颜。木槿是很常见的庭院花卉，花期是在花朵甚少的夏天。木槿花很多，满树的粉朵花开花落好似没有穷尽，于是得名"无穷花"。绘图：阿蒙

药蜀葵（*Althaea officinalis*），锦葵科蜀葵属。药蜀葵喜欢生长在泥泞不堪的沼泽地，其根中富含大量黏滑的黏液。这种黏液常常被人们用作治疗肠胃疾病的药物，人们为了获得有用的黏液，对原本常见的药蜀葵大开杀戒，直到它濒临灭绝人们才懂得珍惜它的存在。图片：Köhler, F.E., *Medizinal Pflanzen*, 1887

白柳，属杨柳科柳属植物。杨树和柳树是春天最早发芽的树木，它们先开花，后长叶。杨柳科的植物大多是雄雌异株，一种植物好似有性别一样，要么一树开雄花，要么一树开雌花，这样做是因为它们传粉需要依靠风来完成，单独的雄花和雌花可以增加授粉的几率。图片：Thomé, O.W., *Flora von Deutschland Österreich und der Schweiz*, 1885

小叶榆（*Ulmus minor*），榆科榆属。榆树是北方开花最早的植物，它也是结果最早的植物，在别的植物开花的时候，它的果实已经成熟了。随着春风，成熟的带着翅膀的果实会随着风四处飘散。榆树散播种子很会找季节，这些果实飘落之后，气候也开始变得湿润温暖，于是很快发芽，一棵幼苗便出土了。图片：Thomé, O.W., *Flora von Deutschland Österreich und der Schweiz.*　1885

刺槐（*Robinia pseudoacacia*），豆科刺槐属。刺槐不是中国本土植物，于是它也叫作洋槐。洋槐树形高大，虽然它来到中国不久，但是以它极强的适应能力已经在整个中国遍地开花。洋槐树晚春开花，花朵芳香，花蜜很充足，是非常好的蜜源植物。图片：Saint-Hilaire, J.H.J., *Traité des arbres forestiers*, 1824

香椿（*Toona sinensis*），香椿属于楝科香椿属。香椿极易与常见的臭椿相混淆，臭椿（*Ailanthus altissima*）属于苦木科臭椿属。香椿与臭椿乍看很相似，但是仔细区分还是可以分辨的：香椿小叶片常为双数，而臭椿的小叶片为单数；香椿叶片基部圆滑，而臭椿会多出两个明显的小角。图片：Roxburgh, W., *Plants of the coast of Coromandel*，1819，果序：Maiden, J.H., *Forest Flora of New South Wales*，1902-1904

葵与落葵

　　第一次遇见葵，是不远时候的事情。那时我站在一座废弃的村庄里，四周黄土版筑的房子已经垮塌了大半，它就在垮塌墙垣下四散的黄土坷垃的缝隙里，招摇着熊耳朵一样的叶子。我走近了看，认出它是葵，因为在垒台一样的叶子下面，细小的白花正在开放，白瓣似薄翼，清晰的脉络汇在花瓣的深处，那里还有一点氤氲的粉。

　　我坐在它边上歇脚。山路已经漫漶，长满了荆棘，我轻轻地用手指触碰已经划出血的伤口，那里已经没有了疼痛。零落的村庄宁静无人，因为地质灾害频发，政府早已把村民迁去山下，只留下这逐渐被自然吞没的废墟，还有葵，它孤零零地长在倒塌的土砖缝里，一往如常。

　　在此之前，我认识的葵一直活在书里，书中的葵，是园蔬，是美味。《诗经·豳风·七月》有云"七月亨葵及菽"。古人把这葵当作食物，取叶入食，常以为羹又赞其口感滑美，白居易在其《烹葵》中写道："贫厨何所有，炊稻烹秋葵。红粒香复软，绿英滑且肥。"古人食葵，葵亦是最早的园中蔬，《汉乐府·长歌行》中有："青青园中葵，朝露待日晞。"古人对葵很重视，因为它不但味美，而且无毒易种，气候温和的地方四季皆产，《齐民要术》中将《种葵》列为蔬菜类的开篇，以示其重，元代王祯所著《农书》中汇集以往经典，还把葵尊为"百菜之主"。

然而如今，书中的葵似乎已经随这些故纸远去。在田园中，人们早已忘记葵的模样；在集市上，琳琅满目的蔬菜中已经没有葵的容身之处；在我的餐桌上，更不曾见到这种滑美的蔬菜，已然连"羹"这个词都用得稀少了。于是每每读到书中葵菜，我只能以文字间关于它的形容，利用脑海里现有的感受去拼接这种曾经的"百菜之主"。葵菜的衰落并不是现代才开始，就在王祯的《农书》成书三百多年之后，明代的李时珍便在《本草纲目》中将葵归为草类，并说明："古者葵为百菜之主，今不复食之，故移入此。"葵的衰落很快，汪曾祺在《葵·薤》中把原因归咎为大白菜的崛起。的确，这种出现于唐代，发展于宋元，崛起于明清的大白菜，在口感、味觉、产量等各方面都比葵更胜一筹。于是葵到了明代后期及清代，它已经基本退出人们的食用范畴了。

我曾经看到过古书上葵的图录，清代吴其浚所著的《植物名实图考》中，将葵写在《卷三·蔬类》的开篇。他这样做并不是因为葵依然是重要的蔬菜，而是他明白这个曾经出入各种诗词经典的蔬菜已经被人们所遗忘，他所做的只想让人们能再次忆起葵。吴其浚觉得李时珍讲葵"今不复食，亦无种者"是埋没了这原本是"经传资生之物"，害得人们"不种葵者不知葵，种葵者亦不敢名葵"。另附录冬葵一图，以示其形，最后言之："葵之名几湮，葵之图俱在，……今以后有不知葵者，试以冬寒菜、蕲（qí）菜于诸书葵图较。"

《植物名实图考》的附图让我第一次看到了葵的图像，而后在各种植物图鉴中我又确认了葵的细节。于是此刻，它就在我身边，我们一起并坐在这里，吹着七月习习的山风。其实我明白，在我身边的葵并不是祖辈野生在这里的，它也是由村民从他处带来的。如今的葵菜依然有两湖及西南地区的人在食用，只是像吴其浚所说，葵的名字早已变换成"冬苋（hán）菜"或是"蕲菜"。冬苋菜吃法不难，叶用来打汤，而其嫩茎可切小段炒食，汪曾祺讲这冬苋菜汤吃到嘴是滑的，有点像莼菜，这也印证了古时对葵滑美的描写。很多人以为北方人已经忘记了葵的存在，其实并非如此，正如我此时看到的葵，它并不是野草，而是比西南冬苋菜更接近野生葵的种类，村民夏秋采其叶焯水凉拌，而真正忘记的只是"采葵持作羹"的吃法罢了。

葵就这样被人淡忘，它的名字也将要消失在人们的口语中。然而汪曾祺先生所言，小时候吃到的东西总是最好吃的。我们的文明是不会完全忘记葵的滋味，凡要讲起"绿英滑且肥"的味道，则自然会联系到葵。如今集市上鲜滑的蔬菜依然有，落葵便是最常见的，探究落葵的味道，其与葵有几近相似之处，以落葵的茎叶做成汤，基本上可以还原出葵菜的滋味。落葵又叫木耳菜，它的叶片肥厚，阔卵而尖。这种生于南国的藤本植物，从亲缘上与古人的葵相差很远，葵为锦葵科植物，而落葵为落葵科植物。落葵得名便是源于其与葵近似的口感，《本草纲目》中讲道："落葵叶冷滑如葵，故得葵名。"落葵也是中国传统的蔬菜。落葵之名始见于陶弘景的《本草经集注》，其曰："落葵又名承露。人家多种之。叶惟可食，冷滑。"然而更可靠的记载则是在宋代的《图经本草》，其中引用郭璞对《尔雅》中"蔠葵"的解释——"大茎小叶，华紫黄色"，并认定《尔雅》中的"蔠葵"便是落葵。《本草纲目》则更为详细地讨论了落葵与蔠葵的关系，李时珍认定"蔠、落二字相似，疑落字乃蔠字之讹也"。

落葵不仅可以取其嫩茎叶做羹汤，它富含色素的浆果还可以作为染料来使用，因而得名"胭脂菜"。李时珍很详细地记载了落葵的这种用途：

> （落葵）八九月开细紫花，累累结实，大如五味子，熟则紫黑色。揉取汁，红如胭脂，女人饰面、点唇及染布物，谓之胡胭脂，亦曰染绛子，但久则色易变耳。

鲜滑之蔬不仅有落葵，还有与葵亲缘更近的各种"葵菜"。锦葵科植物的茎叶，多含黏滑的黏液，这便是葵之滑美的根源。葵可食，锦葵科中的很多植物都可以食用。首当其冲便是锦葵，这种夏日间开放粉紫色的观赏花卉，它的叶片也可以采集来食用，在欧洲及亚洲的很多地方，锦葵都被当作一种野菜。古罗马诗人贺拉斯

（Horatius）在其《诗艺》中直述锦葵是当时人们的食物。被人称为"朝颜"的木槿，它的嫩叶与花瓣也可以食用，尤其以花瓣为美。在南方很多地方，房前屋后便会种一两株木槿用作观赏，并兼做食用。木槿花朝开暮落，在朝露将退、花瓣舒展之时采撷，可直接入肴做汤配菜，还可细切做丝作为甜点的点缀，细腻黏滑的口感亦为菜肴增添了不少风味。木槿花美，西来的秋葵则是嫩果爽滑。秋葵来到中国比较晚，但是它果实的独特口感让中国人很快就接受了它。秋葵花黄色，五裂如爪的叶片错落开展。秋葵花落五日左右，它形如长角的果实便可以摘来清炒。角果外表有毛，初入口柔毛与舌面相接，有几分粗糙之感，轻嚼几下之后，秋葵果实中丰富爽滑的黏液便让黏人的果皮变的滑溜溜的，顿时让人觉得风趣十足。秋葵的味道类似豆荚，因此又被人们叫作"羊角豆"。

　　既然提到锦葵科的黏液，自然就让人想到了另一样神奇的食物，那就是块状柔软的棉花糖。棉花糖的由来很有趣，它最初的原料便是来自一种锦葵科植物的黏液。这种锦葵科植物是曾经遍布欧洲与北非的药蜀葵。这种喜欢生长在泥泞不堪沼泽地的蜀葵属植物，其根中富含大量黏滑的黏液。最早利用药蜀葵黏液的是埃及人，他们在两千年前便使用这种黏液与蜂蜜的混合物作为润喉液。药蜀葵的黏液还有药用价值，它可以治疗多种肠胃疾病，于是长久以来药蜀葵的黏液多用来制作餐前养胃的饮料。直到19世纪初，法国厨师利用这种黏液发明一种甜点，他用这种微甜的黏液与一定比例的水混合，然后加入蛋白、糖浆以及香料，然后充分打发，使原来半透明的黏液被打发成发泡的海绵状，等到这海绵状泡沫凝固便成为弹性十足而又软滑可口的棉花糖了。如今的棉花糖早已没有了药蜀葵黏液的成分，而是由玉米糖浆与塑性明胶制成，因为如今野生的药蜀葵已经是濒临灭绝的稀有植物了。

思绪越飘越远，独坐的我已然忘记了要归去的时间。身边的葵叶依然，只是随着阳光已经向西，叶腋间的花朵也要闭合了。我起身，拂去身上的土，轻轻地蹲下来摘下一片葵叶，然后夹在棉纸中。我知道时间的流逝会让这里面目全非，来时的山路也许会被草丛掩没，而这株小小的葵，已经开花，然后结籽。明年此时，我还会再来。

春天树的礼物

北方的冬天太久了，久到身体都觉得紧绷绷的，像窗外干枯的树，就算风再大也只是佝偻着。冬天一切都是悄无声息，因为生命都在蛰伏着，不敢轻举妄动也不敢耗费有限的活力。冬天里目之所及，大都半死不活，我们比喻这是睡着了，但或许已经死了，只是暂时无法知晓，只能等待春天复苏，看看佝偻着的腰还能不能再直起来。

当天空变得淡灰，春天就来了。

家里阳台的对面，是一片老旧的宿舍区，低矮的老楼之间散种着高低错落的杨树与柳树。树冠蓬勃，有些早已超越了楼台，远瞧那些斑驳的屋顶，楼边上露出的都是圆蓬蓬的半张脸。人们为了生计，大约还是很少会记得抬头看看天，天空的淡灰也需要时常感觉天色的差异才能辨得出。我有时都要忘记那天的颜色了，只是站在阳台远眺的时候，发现那些只有半张脸的树已经先我察觉到春了。

或许是树汁已经开始流动，虽然近看柳树的枝条，上面的芽粒还未张开，但是远眺树冠的时候，发现原本干枯的色泽已经变得鹅黄。杨树也与柳树一样，树冠上也微微露出红润，那颜色有些单薄，仿佛是层极薄的雾一般。若是此时春雨合时宜地落下，那这些颜色便会因吸饱了水分而变得浓艳，柳树的芽开始撑开，杨树润红色的花序也会吐露。这一切只消几天，在你来不及回过神的时候，空气中便已经弥漫着杨树芽尖分泌出的树脂的味道。

父亲对这种味道很敏感，他有时路过树下，会停下来看看树叶是否发出，倘若枝头的幼叶已展开，他便有些失望地对我说，这种杨树不能吃。父亲所说的那种能吃的杨树是小叶杨。杨树极为常见，有白杨、黑杨、加拿大杨，等等。这些杨树有些做行道树，有些做公园景观林，高大直立的新疆杨还可以做防风林。可是再多的杨树中，本地土产的小叶杨却早已被人砍伐殆尽，颇为罕见，这也是父亲不管如何寻找依然不得的原因。

这种杨树的嫩叶是他儿时春天饭桌上不会缺席的小菜。杨树叶发得早，过了春分之后，暗红色的杨花落了一地，枝头的嫩杨叶便成簇地长出来。把杨树叶捋下，在开水锅中轻焯，倒掉苦涩的黄汤绿水，挤去树叶上残留的苦汁，便可以当作小菜。杨叶上桌前，要用盐醋调和，或是加些陈旧的老酸菜卤子，再淋几滴炸过"掌满花"（音，一种葱属芳香植物）的麻油。饭桌上的饭别无其他，小米加水焖出的"稠粥"，再加一小碟醋泡得有些发开的老咸菜干，这就是一顿正饭。我小时候回老家，最害怕吃黄粱稠粥，一个是小米刺嗓子，还有就是咸菜齁咸，我宁愿多吃几个山药蛋，也不愿多嗞一口，然而如今再想吃稠粥却少有机会了，要知道小米的价格要比大米贵出许多。

杨叶之后，便是柳芽。柳芽不分种类，旱柳、馒头柳、垂柳都能吃。说是柳芽，人们吃的其实是柳树的花序。摘柳芽要把握时间，太早了柳芽初发，个头太小下锅便化成一锅绿水；太晚了柳花便要开了。正好的柳芽只有半个指头肚子大，滚水一氽便可以捞出做菜。柳芽不苦，可以直接和着小葱拌小菜，要是有自己磨的豆腐也可以拌起来，点一点麻油便最能下饭了。柳芽的气味很淡，微微地带着些药香气，只是过了寸长就苦得无法下咽了。

杨叶柳芽吃不了多久，人们采食它们仅仅是为了能省些菜，可是菜没省多少，却更废了干粮。

与父辈相比，杨叶柳芽离我太远，它们每年在枝头，我只能仰望，或是遥看，完全得不到它们的滋味。父亲是明白它们的滋味，在他心里这是春天树的礼物。

花开花落，春是不会因为留恋而停下脚步，说着说着，大约又想起儿时小学墙外的老榆树。杨柳知春风不假，但真正知春风的应该是榆树，榆树是北方开花最早的树木。榆树花好不起眼，不起眼到它已经满树繁花的时候，我们依然以为它还为春风不暖而犹豫。毕竟榆树开花的时节是惊蛰前后，在北方除了向阳的土坡上会有几棵正在泛绿的小草，其他的生命还在犹睡未醒。然而春分的雨水一来，这世界顿时铆足了劲头在翻身，绿色竟然很快地便掩盖掉土黄。当人们再次注意到榆树的时候，它已经结果了，一串串的榆钱似冰挂一般，把母亲柔软的肩膀都压低了。

上小学的时候，我和几个同学在放学时偷偷地爬上墙头，坐在半高的树杈上，躲在榆树翅果围成的帷幕间。我们不会欣赏春天，也不大明白什么是花开花落，只知道这枝头粉绿的榆钱可以当作免费的零食。孩子们吃东西多半为了好玩，榆钱便是最好的，它既满足了孩子们爬树的欲望，还可以满足他们肆意玩耍的小小借口。榆钱味道微甜，嚼到最后有糯糯的香味，作为零食尚可，最重要的是吃饱了还可以捋一口袋回家。母亲每次都会拽耳朵叱喝下次不准再爬树，只是这力度要比平时轻一些。榆钱洗干净不需晾水，直接拿二分面拌匀，上笼屉蒸透，出锅盛碗，浇上西红柿卤子便是不错的饭食。如今母亲偶尔还说起榆钱，只是我已经身宽体胖，翻个铁栅栏还要摆两个姿势，面对高高在上的榆钱，我也只有看看的份了。

榆钱之后是洋槐花，在孩子们眼里，它比榆钱更有吸引力。五月前后，洋槐树高大的枝丫间便会开出成串下垂白花，远看像古时女眷们头上的银簪坠子，洋槐花很香，在我嗅来自然要比女眷们的脂粉来得清爽。洋槐树枝细干，质地脆而难撑物，加之枝条上还有尖硬的直刺，于是爬树摘花是不能了。然而这花香撩人，想摘到它也不是没有办法，回家找来细长的竹竿，在竹竿的一头绑上一支用硬铁丝掐成的钩子，便可以站在树下捋到枝头的花穗了。一群孩子挨树站着，一个人勾，几个人捡，不一会儿便能装起一小兜。洋槐花与榆钱一样，可以生吃也可以拌面蒸着吃。然而生吃才是最美的，用手从花梗上捋下一把花朵，不由分说地揉进嘴里，槐花的香味里带着豆香，豆香之后还有糯糯的甘甜，还有未被蜜蜂吸走的花蜜，是花香一样的甜，而不是从蜂箱里取来的那种带着虫子气味的洋槐蜜。

洋槐花的香味逐渐消散后，孩子们便像逐食迁徙的鸟儿一样"飞"到了其他地方，或是等待院墙里面的甜杏子，或是跑到田埂边上挖甘草，或是跑到稻田里捉稻蝗烤着吃。

与如今的孩子们比，那个时候的我们好像离枝头的榆钱槐花很近，它们每年在枝头，我总是遥望，或是念想，品味那些儿时记忆里的味道。我是明白它们的滋味，在我心里这是春天树的礼物。

俗语有："雨前椿芽嫩无比，雨后椿芽生木体。"气味浓郁的香椿也是春天树的礼物，俗语中的"雨"指的是谷雨节气，于是吃香椿便在谷雨之前最为适宜。香椿发芽不算晚，清明前后的香椿枝头便开始有嫩红的叶芽发出。香椿芽的味道浓郁，爱吃的人觉得是香气四溢，而厌恶的人认为气味古怪。嫩红的叶下入食，需要先经过焯水，焯水后的香椿则由嫩红转为鲜绿。焯好香椿芽适宜凉拌，细切与香干、豆腐、豆丝拌做凉菜最为胜味，只需一点盐起味，一点酱油促鲜便是上得台面的好菜。香椿味道清雅，爱者喜欢切碎了做香椿煎蛋，这样一来蛋香遮不住椿香，而椿香却盖得过鸡蛋原本的腥味，于是一举两得，这便是宜菜。

香椿很早就进入古人的视野，《庄子》有云："上古有大椿，以八千岁为春秋。"椿树宜人，而庙堂家院常植，古人因其寿命长，常把它比作高寿，后来多借喻高堂，进而又作为父亲的象征。椿芽入食则最早见于唐《食疗本草》，其中提到"椿芽多食动风"

等有关食性的描述，此后辽代《南京杂记》亦有记载北京附近种植香椿和食用椿芽的习俗。到了明代，香椿还成为官宦宫廷所食用的蔬菜，并在其专属菜园中开辟暖棚进行反季节栽培，刘侗、于奕正合著的《帝京景物略》便有"元旦进椿芽、黄瓜，一芽一瓜，几半千钱"的记载。

谷雨过后，春就要结束了，其实北方春天淡灰色的天空早就被夏天如海潮一般带着咸味的碧空所淹没，这天空的颜色何时变换的我们都没有察觉到。正如人们的记忆，那些丰富华丽的故事、高亢悠扬的曲调、五色艳丽的景色最容易覆盖掉那些淡薄而又柔软的时光。每一次季节的更迭，都会有被抹去的记忆，而我所做的只是用我手中笔，记录下这些：春天树的礼物，废墟中默默生长的葵，架下叶丛中的葫芦，故事里的马铃薯，雨后舌尖的滋味与瓦炉上炖煮的白菜。在我们有限的视野和经历里，现在的，是我们活着的；过去的，是消逝不久的；而这些是我们依然可以看得到，听得着，摸得清，尝得出，想得明，记得住的。

参考文献

书籍

《中国植物志》，中国科学院中国植物志编辑委员会，科学出版社

《山西植物志》，《山西植物志》编辑委员会，中国科学技术出版社

《中国野菜图谱》，陶桂全等，解放军出版社，1989年

《诗经植物图鉴》，潘富俊，上海书店出版社，2003年

《山西经济植物志》，李惠民，中国林业出版社，1990年

《中国食料史》，俞为洁，上海古籍出版社，2012年

《本草纲目》，（明）李时珍，中国书店，1988年

《玫瑰之吻》，〔美〕伯恩哈特（Peter Bernhardt），刘华杰译，北京大学出版社，2009年

《异域盛放》，〔英〕Jane Kilpatrich，俞蘅译，南方日报出版社，2011年

《危险花园》，〔英〕David Stuart，黄妍、俞蘅译，南方日报出版社，2011年

《植物的欲望》，〔美〕迈克尔·波伦，王毅译，上海人民出版社，2004年

《植物名实图考》，（清）吴其濬，中华书局，1963年

《中华名物考（外一种）》，〔日〕青木正儿，范建明译，中华书局，2005年

《植物的生存之道》，殷学波、马清温、徐景先，北京科学技术出版社，2008年

《中国有毒植物》，陈冀胜、郑硕，科学出版社，1987年

《爱尔兰大饥荒》，〔英〕彼得·格雷，上海人民出版社，2005年

《随园食单》，（清）袁枚，江苏古籍出版社，2000年

《水八仙》，汉声编辑室，上海锦绣文章出版社，2012年

论文

《中国白菜各类群的分支分析和演化关系研究》，曹家树、曹寿椿等，《园艺学报》，1997年第24期

《白菜型油菜在中国的起源与进化》，何余堂等，《遗传学报》，2003年

《中国芸薹属植物的起源、演化与散布》，王健林等，《中国农学通报》，2006年第8期

《名特优小白菜品种资源介绍》，苏小俊等，《长江蔬菜》，2003年第12期

《我国油菜的名实考订及其栽培起源》，叶静渊，《自然科学史研究》，1989年第8卷

《我国古代芥菜类的演化与栽培》，叶静渊，《农业考古》，1993年第4期

《我国根菜类栽培史略》，叶静渊，《古今农业》，1995年第3期

《中国栽培萝卜分布及起源中心的初步研究》，周长久等，《北京农业大学学报》，1997年第17卷

《菊苣——来自异国他乡的苦白菜》，张伟昱，《中国食品》，2006年第22期

《西餐——沙拉》，梁爱华，《四川烹饪高等专科学校学报》，2002年第3期

《趣说"五菜"》，李晖，《古今农业》，1994年第3期

《辣椒在中国的传播及其影响》，蒋慕东、王思明，《中国农史》，2005年第2期

《马铃薯饥荒灾难对爱尔兰的影响》，曹瑞臣，《中南大学学报》，2012年第6期

《农作物异名同物和同物异名的思考》，游修龄，《古今农业》，2011年第

3期

《远洋陶瓷贸易与番薯的引种》，陈立立，《农业考古》，2007年第3期

《菊芋的开发利用价值》，马玉明，《林业使用技术》，2002年第3期

《菊芋的特征特性及栽培》，曹力强，《农业科技与信息》，2008年第11期

《关于菊薯》，杂志编辑部，《中国蔬菜》，2007年第2期

《关于甜瓜起源于分类的探讨》，孟令波等，《北方园艺》，2001年第4期

《黄瓜和西瓜引种栽培史》，舒迎澜，《古今农业》，1997年第2期

《汉墓出土"西瓜子"再研究》，叶静渊、俞为洁，《东南文化》，1991年第1期

《西瓜根系分泌物对西瓜植株生长的自毒作用》，邹丽芸，《福建农业科技》，2005年4期

《南瓜发展传播史初探》，张箭，《烟台大学学报》，2010年第23卷

《葫芦的家世——从河姆渡出土的葫芦种子谈起》，游修龄，《文物》，1977年第8期

《葫芦考略》，罗桂环，《自然科学史研究》，2002年第21期

《中国人的"竹笋"食用及其文化意义》，赵荣光，《农业考古》，2007年第1期

《中国菰资源及其应用价值的研究》，翟成凯等，《资源科学》，2000年第22卷第6期

《菰的误译和野生稻》，游修龄，《中国农业历史与文化》

《营养贡菜说苔干》，商学兵，《农产品加工》，2009年第9期

《中药百合炮制历史沿革探讨》，施民法，《浙江中西医结合杂志》，2002年第12期

《中国萱草属药用植物资源学研究》，张铁军等，《天然产物研究与开发》，1997年第12期

《莲藕优质高产栽培技术》，胡细荒等，《农民致富之友》，2012年第20期

《慈姑种质资源表型性状多样性分析》，李峰等，《植物园资源学报》，2012年第13卷第3期

《慈姑等几种水生作物栽培史考》，罗桂环，《古今农业》，2005年第1期

《漫话芋头》，刘映芳，《食品与健康》，2006年第3期

《五种魔芋部分生物学特性比较研究》，李磊等，《安徽农业科学》，2012年第40卷第8期

《有毒植物的食用历史》，俞为洁，《农业考古》，2007年第4期

自然感悟
Nature series

● 《时蔬小话》 阿蒙 著

《南开花事》 莫训强 著

《猿猴家书——我们为什么没有进化成人》 张鹏 著

那些关于灶头吃食的记忆，以及那些关于野菜时蔬的故事，是我们现在依然可以看得到、听得见、摸得着、尝得出、想得明、记得住的笔记小话。

《时蔬小话》正是采用浅显易懂的文字，风趣和温暖的故事，让大家对这些"最熟悉的陌生人"有新的了解。——《科学时报》

《时蔬小话》并不是一本主打暖情牌的植物随笔，而是一本科普人文小品，它并不是仅靠稀有经验堆积出来的随想录，而是经得起推敲和考证的。——《新华日报》

上架建议：博物·科普

http://www.cp.com.cn

ISBN 978-7-100-10381-7

9 787100 103817

定价：42.00元

责任编辑：余节弘

封面绘图：年 高

装帧设计：卿 松［八月之光］